未来の環境倫理学

吉永明弘・福永真弓
編著

勁草書房

はじめに

福 永 真 弓

　12月初旬の朝のことである．大学の校舎脇を歩いていると，せわしなく短い音がチュイチュイチュイ，とアラカシの灌木から聞こえてきた．みると，茂みがところどころ小さく揺れている．この時期，アラカシには小指の先よりも小さなドングリがたくさんなっていて，通りかかる度に，きれいな形のものを探すのが楽しみになっている．揺れている常緑の枝にそうっと近づき，のぞきこむ．すると，枝のつくった暗がりのなかで，白いふちどりのある黒い目をしたものが跳ねていた．目をこらすと萌葱色の小鳥だった．メジロである．鳴き交わしては跳ねる，その跳ね方がなんだか楽しそうで，しばらく見入っていると，だんだん高いところの枝に移動していった．どうやらわたしはメジロたちに見つかったらしい．残念，楽しみはおしまい，である．

　当の鳥たちは，楽しくて鳴いていたのかはわからない．楽しそうというのも，鳴き交わしているというのも，互いに跳ねているというのも，勝手にわたしがそう「みなした」だけである．見つかったのかな，というのもわたし側の感触である．ささやかな朝の楽しみだが，わたしにとっては紛れもなく生きる世界を豊かにしてくれるちょっとした時間であった．現場に出る環境倫理学者として，さまざまな場所でフィールドワークをしていると，こうして「みなす」コミュニケーションの豊かさが，わたしたち人間の世界を支える重要な営みであると実感する出来事にたまさか出会う．あいつ（サル）は憎いが，同時にまあ，かわいいやつだよ．うちの柿はほかのところより辛抱いいから甘くてね．オヤマがきっと怒ってんだって．その様な場面ではたいてい，人以外のものも，擬人化というよりも，その生きものの「格」はそこでそうあるものとわかっているかのように「みなされて」話される．

　もちろん，科学的な観察では，「みなす」ことは最小限に抑え，人間側の世界観を反映してしまうこと，たとえば先ほどのメジロを「夫婦」とみなすことは避ける．そうではなく，その二羽がメイティングのペアだと思われる証拠を，

i

はじめに

鳴き声や体の動きのパターンから類型化して判断をするだろう.

「みなす」こと,科学的な方法,どちらも,人間がこの世界が何であるかを見いだすために,世界の具象性と理を見いだすために,生み出してきた方法である.人間のあいだでも,「みなす」ことによる世界の記述も,科学的であることによる世界の記述も,同じ人間を対象に行われる.まだ喃語しかいえない赤ん坊にも,それどころかその赤ん坊がまだ胎内にいるころから,十分にコミュニケーションをすでにとれる存在とみなして話しかける.同時に,鳴き声や行動を類型化し,胎内も観察しながら,医学的にどのような状態か明らかにしようとする.

人びとが現実を把握し,記述する方法はもちろん,「みなす」ことや科学的な方法の他にも数多くある.そして,そこから把握された現実も,複数ある.その意味で,世界はいつでも複数性を持つ.そしてわたしたちは,他の人びとと,人間以外の生命たちと,奇しくも,ああ,いまそこに共にいるのだ,とはっと気づく場に居合わせて,また共に世界を作っていく.現実はそうして,時空をつかんで未来を生み出してきたのである.

応用倫理学は,そのような,人びとが世界を把握する現実,そのリアルをどう生き,経験しているか,ということから出発する.そのような具象性の世界を生きる人びとの前にあって,人びとがぶつかっている困難や,予見される何らかの問題のために,参照する枠組みや「〜べき」というルールが必要になるとき,人びとのあいだでプラットフォームとなることのできる学問である.現在では,その具体的な対象と共に,生命倫理学,経済倫理学などいくつかの柱がたてられている.本書であつかう環境倫理学は,その柱のうちの一つである.

しかしながら,本書を手に取ったみなさんは,環境倫理学という学問の直面する皮肉的な状況を共有することになるだろう.すでに,そういうたくさんの世界がまた世界を作る営みが,なし続けられるかどうかの瀬戸際にわたしたちはある.同じ経験は二度とないとしても,またメジロと来年,会えるだろうか.春のあとに夏が,夏のあとに秋が,秋のあとには冬が,そして再び春がくるだろうか.そのようないつもの当たり前が大きく動いている時代に,わたしたちは今生きている.気候変動が最たるものだが,人間活動の蓄積は,およそ十数億年の惑星の経験してきたものとはまるで由来の違う惑星システムの変容を生

み出してしまった．「新しい生態系」には，これまでにない形での対処が社会にも求められているし，わたしたちは新しい参照枠を作らねばならない状況にある．そして，複雑系，カオスと呼ばれるものを理論として捉え，それに対処するシミュレーションやシステムを設計してみたり，AI（人工知能）によって人には不可能な人間外の領域の思考と概念化を実現してみたり，情報技術をそれらと共にかつてないほどに進展させたり，それらを用いて生命を解析し，操作・産出する方法を理論的にどころか社会実装してみたり，科学技術の進展もまた，新しい惑星システムとそのもとでの社会のデザインと管理に向けて，おおきく踏み出しつつある．

　このような事態が，これまでにない切実さと重さをもって生み出しているのは，ある意味とても古典的で，単純な二つの問いである．はたして自然とは，環境とは何か．そして，わたしたちは自然や環境と共に，どう人間であれるのか．

　もう少しこの問いを現代的な主題にあわせて詳しくすると，次のようになるだろう．今，わたしたちは簡単に，デザインする，作る，管理する，というけれども，それはいったいどういうことなのか．現実にすすむデザインの営みにおいて，どのような自然・環境がめざされるものとなるのだろうか．そして，そのようなときに，わたしたちはどのように「人間たること」が求められるのだろうか．

　実はこのような問いは，環境倫理学が長く向きあってきた問いである．わたしたち環境倫理学者は，社会と自然の臨界にある諸主題についてながく考えてきた．人間が生きるということは，どのように人間以外の生命とともにありうるのか．わたしたちの存在的な豊かさは，いかに人間以外の生命の世界と連続しながらあるのか．人間以外の生命の世界そのものの存在の豊かさとは何か．環境倫理学が向き合ってきた問いは，現代社会において別の重要さをまして，わたしたちの目の前にある．そして，プラットフォームの開催者，調停者としての環境倫理学の役割もさらに大きくなっている．

　本書は，このような現実を踏まえて，あらためて未来にむけて環境倫理学を「練り直して」みようとする試みである．この本にはさまざまな具体的な主題がとりあげられている．リスク社会，欧米環境倫理学からの福島第一原発事故

iii

はじめに

への応答，核廃棄物と世代間倫理，気候工学，人新世下の環境概念，環境正義
など，具体的な題材から環境倫理学の現在を再考する章と，理論的な基礎とし
て重要なハンス・ヨナスの未来倫理や徳倫理学からの環境倫理学理論の提示を
行う章，いずれもこれからの環境倫理学を考える上での魅力的な出発点となろ
う．もちろん，他にも環境倫理学の対象となる主題は数多い．たとえば，人と
（新しい）環境との境界線の問題として，獣害，トキやコウノトリなどの再野
生化などがあろう．映画『ジュラシックパーク』が示すようなつくられた生命
であふれた世界はもう遠くないし，AI やサイバネティックス的な環境，しか
も多分に生命と機械のはざまの何ものかを含む環境も，わたしたちを取り巻き
始めている．そして，他ならぬわたしたちの身体そのもの，生命そのものも，
遺伝子レベルからの統制や改変，管理の対象となっている．

　わたしたちはそのなかで，いったいどのように「人間であること」「自然で
あること」に向き合い，それらを再び形づくれるだろうか．そのための方法は
何だろう．みなさんは本書のそれぞれの章の中から，それぞれの論者が向き合
い，プラットフォームの手助けをする努めをしていることを見いだすだろう．
それぞれの章が著す，環境倫理学が向き合っている，向き合うべき「臨界」の
所在と，それに対してどのように考えるべきか，著者からの提案についてぜひ
吟味して頂きたい．そして，分野をこえて，専門家同士の垣根や専門家と他の
人びととのあいだにある垣根もこえて，多様な人びとと共闘できる土俵が作れ
ることを，「その土俵，のった！」と駆けつけてくれる仲間が一人でも多く増
えることを，心待ちにしたい．

目　次

はじめに………………………………………………………福永真弓　i

序　章　本書が取り組む三つの課題……………………………吉永明弘　1

第Ⅰ部　災後の環境倫理学

イントロダクション………………………………………………山本剛史　9

第1章　リスク社会における環境倫理学………………福永真弓　17

第2章　福島第一原発事故に対する欧米の
　　　　環境倫理学者の応答………………………吉永明弘　33

第3章　放射性廃棄物と世代間倫理…………………………寺本　剛　49

第4章　環境正義がつなぐ未来
　　　　──明日へ継ぐに足る社会を生きるために……福永真弓　63

第Ⅱ部　未来の環境倫理学

イントロダクション………………………………………………山本剛史　83

第5章　多様性の環境倫理に向けた
　　　　環境徳倫理学の理解……………………………熊坂元大　91

第6章　ハンス・ヨナスの自然哲学と未来倫理………山本剛史　105

第7章　気候工学とカタストロフィ……………………桑田　学　125

第8章　「人新世」時代の環境倫理学……………………福永真弓　141

v

目　次

終　章　未来の環境倫理学のための二つの補論………吉永明弘　161

おわりに………………………………………………吉永明弘　169

キーワード解説　171

事項索引　181

人名索引　183

執筆者一覧　185

序　章　本書が取り組む三つの課題

吉　永　明　弘

1　環境倫理学の導入と現状

　本書は，21世紀の環境をめぐる問題状況に対して，「環境倫理学」の立場から応答を試みるものである．

　「環境倫理学」は，日本では，1991年末の加藤尚武『環境倫理学のすすめ』によって，一般に知られるようになった（加藤 1991）．これを日本の環境倫理学の事実上の誕生日と見なすならば，2017年末で日本の環境倫理学は満26歳ということになる[1]．およそ四半世紀の間に，「環境倫理学」あるいは「環境倫理」と題した書物や論文は多数発表された．倫理学の著作にとどまらず，例えば保全生態学の教科書にも「環境倫理」についての章が立てられるようになった（吉田 2007）．こうして「環境倫理学」や「環境倫理」という言葉は人口に膾炙するようになり，今では多くの大学に「環境倫理学」や「環境倫理」という講義科目が存在している．

　哲学・倫理学の分野では，「環境倫理学」は，生命倫理学，情報倫理学と並ぶ，応用倫理学の三大テーマと見なされてきた[2]．この位置づけはアメリカの文脈に由来するもので，日本でもそれを踏襲している．この場合，「環境倫理学」は「倫理学の環境問題への適用」あるいは「倫理学者による環境問題の考察」という位置づけになる．しかし，日本では「環境問題研究」の一部として，応用倫

　1　それ以前にも「環境倫理学」という言葉は存在しており，一部の研究者の中では流通していた．しかし，「環境倫理学」という言葉が社会的に認知されたのは，加藤の著作を通じてであったといえる．

　2　応用倫理学の対象領域は年々拡大している．近年のホットなテーマに「脳神経倫理」「動物倫理」「研究倫理」などがある．以下を参照（加藤編 2007，浅見・盛永編 2013，眞嶋ほか編 2015）．

序　章　本書が取り組む三つの課題

理学の枠にとらわれずに用いられることも多い．環境問題に対する倫理的アプローチが環境倫理学，という位置づけである．例えば「環境」の名を冠した学科やコースの中で環境倫理学の授業が開講されている．この場合，授業担当者は哲学者・倫理学者とは限らず，社会学者や生態学者が担当していることも多い．

　では，「環境倫理学」の中身は何か．「環境倫理学」のテキストには何が書いてあり，各大学の「環境倫理学」の授業では，どんなことが教えられているのか．環境倫理学の本場はアメリカなので，自然の価値論を中心とするアメリカの議論を紹介するのが王道といえる．しかし，それは「総論としてはよく分かる」といった類いの「ご託宣」や「お説教」として受け取られる向きがあった[3]．また，アメリカの環境倫理学の前提となっている自然観は特定の時間的・空間的文脈に依拠したものであり，それを他の地域に適用すると現実離れしたものとなる，という認識が生まれた（鬼頭 1996）．このような状況認識に基づいて，加藤尚武，鬼頭秀一，丸山徳次らによって，日本独自の議論が展開されることになった．

　そもそも加藤は 1990 年代の地球環境問題を見据えて，アメリカの環境倫理学を巧みにアレンジして紹介したのだった（加藤 1991）．鬼頭は，地域ごとの人間と自然とのかかわりを重視した「ローカルな環境倫理」の必要性を説いた（鬼頭 1996）．そして丸山は「水俣病から日本の環境倫理学を再起動する」と銘打ち，水俣病の経験をふまえた環境正義論を説得力をもって展開した（丸山 2004）．アメリカでは比較的新しい議論とされる環境正義論の諸論点は，実は日本の公害研究のなかで長く論じられてきたものである．さらに丸山は「里山」に着目して西洋的な自然観を相対化している（丸山 2001, 2007）．

　このような経緯もあり，大学で「環境倫理学」について講義を行うとなると，アメリカの議論（非人間中心主義，土地倫理，自然の価値，ディープ・エコロジー

3　例えば次のような言がある．「半年ほど，おもにアメリカやヨーロッパの哲学者の環境問題に関するご託宣をあれこれ読んだのだが，これはかなり苦痛だった．あまり面白くないのである」（佐倉 1992: iii）．「生命倫理学も環境倫理学もいずれも深刻なジレンマに突き当たり，現在は袋小路に迷い込んでいるように思われる．医療と環境をめぐる難問を解決するという社会的な要請を受けながら，倫理学は今でもまだ，お説教を説くに過ぎないのではないか」（岡本 2002: 8）．ただし岡本は，近年の「環境プラグマティズム」については好意的に評価している（岡本 2012）．

など），加藤尚武の議論（自然の生存権，世代間倫理，地球全体主義など），鬼頭秀一の議論（社会的リンク論，よそ者論，ローカル・ノレッジなど），丸山徳次の議論（環境正義，公害，里山など）といった内容を，取捨選択して，あるいは並列に語るということになる．そのあたりは個々人の裁量に任されているといえる．

この間に，欧米の環境倫理学および環境という名のつく各学問分野は，気候変動，人新世，AI・情報技術と環境の融合といった現状をふまえて再編され，新たな体系の構築を模索している．本書では，欧米のそのような動きを捉えつつも，災後社会のなかで生きざるをえない日本の私たちにとって必要な環境倫理学の議論を展開していく．

2　環境問題をめぐる状況の変化

世界の環境をめぐる問題状況は新たな段階に入った．ここではまず，地球環境問題をめぐる国際的な枠組みの変化から見ていこう．1972 年の「国連人間環境会議」（ストックホルム会議）や 1992 年の「国連環境開発会議」（リオ会議，地球サミット）は，教科書に必ず載る歴史の一部になった．21 世紀の国際的な枠組みとしては，「ミレニアム開発目標」（MDGs, Millennium Development Goals 2000〜2015 年）が有名である．このなかで環境問題と福祉・貧困問題が統合されたといえる．その後継となる目標として 2015 年 9 月に国連で採択された「持続可能な開発のための 2030 アジェンダ」は，「誰一人取り残さない――No one left behind」ことをうたっている．そこでは，国際社会が 2030 年までに貧困を撲滅し，持続可能な社会を実現するための重要な指針として，17 項目の「持続可能な開発目標」（SDGs: Sustainable Development Goals）が示されている[4]．2030 年まではこの目標の達成度が議論の柱となるだろう．

個別の問題に目を向けてみよう．気候変動については，1992 年の地球サミ

4　以下のサイトを参照．JICA「持続可能な開発目標（SDGs）と JICA の取り組み」
（https://www.jica.go.jp/aboutoda/sdgs/index.html）
国際連合広報センター「2030 アジェンダ」
（http://www.unic.or.jp/activities/economic_social_development/sustainable_development/2030agenda/）

ットで「気候変動枠組条約」が締結され，1997 年には「京都議定書」によっ
て，CO_2 排出削減の国別割合が定められた．しかし，このときには中国やイン
ドに削減義務がなかったことやアメリカが離脱したこともあり，実効性が疑わ
れてきた．そこで 2016 年に，中国などを含めた「パリ協定」が結ばれ，気候
変動対策は再スタートを切ることとなった．その間の 2007 年には，IPCC の
「第 4 次評価統合報告書」によって，温暖化が人為的な原因で生じたことが科
学的に確認された．その他，国内外で，気候変動の影響の「緩和策」（mitiga-
tion）だけでなく，その影響への「適応策」（adaptation）が真剣に論じられる
とともに，人工的に気候を変える試みとしての「気候工学」に急速に関心が集
まりつつある．

　自然保護については，ミレニアム生態系評価（MA）による科学的な生態系
の分析が進み，2010 年に生物多様性条約 COP10 が名古屋で開かれ，「愛知目
標」が採択されるなど，状況がどんどん更新されている．生物多様性の重要性
についても，ウナギが絶滅危惧種に加えられたことなどから，以前よりは具体
的な形で理解されるようになっているように思われる．また，生物多様性に関
してよく話題になる「生態系サービス」という概念は，自然と人間の二項対立
図式を過去のものにしようとしている．さらには「自然資本」という概念も登
場した．これは経済を取るか自然環境を取るかという二項対立図式を打破する
ために，主に経済界に向けて呼びかけられたプラグマティックな概念といえる．
つまり，経済発展と自然環境保全は対立するものではなく，経済発展をするた
めにはそのための資本としての自然環境を保全することが必須になるという論
理である．

　2011 年の福島第一原発事故は，日本における最大規模の環境災害である．
この事故によって，原子力の安全性と施設の立地の不公平さ（環境正義）といっ
た問題が再認識されるとともに，これまで隠れていた「廃炉のコスト」が認
識されるようになった．また，以前からも指摘されていた放射性廃棄物の処理
問題は今や喫緊の政策課題の一つとなり，全体として原発は将来に禍根を残す
施設だという認識が強まっている[5]．「脱原発」がキーワードになり，それに呼

　5　国際反核法律家協会会長のウィーラマントリーは，福島第一原発事故の後に，「原発の
　　存続・拡散は将来世代への犯罪」と題する書簡を書いている（ウィーラマントリー 2011）．

応する形で，再生可能エネルギー開発がどんどん進んでいるのも，近年の特筆すべき動きである．同時に，風車や太陽光パネルが地域の環境破壊をもたらしている例も出てきている．今後のエネルギー開発は，地球温暖化対策や脱原発をにらみつつ，地域の環境にも配慮する形で行われなければならないだろう．

3 問われる環境倫理学の役割

福島第一原発事故は国際社会にも大きな衝撃を与えた．環境倫理学の観点から特筆すべきは，ドイツのメルケル政権が，「安全なエネルギー供給に関する倫理委員会」の提言によって，2022 年までにすべての国内の原発停止を決定したことである．ドイツでは倫理委員会（メンバーは政治家や原子力の専門家以外に，社会学者，経済学者，哲学者，宗教関係者などを含む）が政策に影響を与えている．ひるがえって現在の日本はどうか．山脇直司は，倫理というと，社会システムから切り離された個々人の心がけといった印象をもたれがちだが，それは「矮小な倫理観」であり，ドイツの倫理委員会における「社会における価値判断と価値決定」としての倫理観を日本でも確立しなければならないと喝破している（山脇 2015: 217-218）．すなわち，社会システム全体の設計や評価，適切な運用について，価値判断や価値決定をなすことも，そのための場をつくることも倫理の問題であり，倫理学者の役割なのである．この認識は応用倫理学の一部としての環境倫理学の倫理観と軌を一にする．加藤尚武によれば，環境倫理学は「個人の心がけの改善」を目指すもの（個人倫理）ではなく，「システム論の領域に属するもので，環境問題を解決するための法律や制度などすべての取り決めの基礎的前提を明らかにする」もの（社会倫理）なのだ（加藤 1993: 131）[6].

近年のアメリカの環境倫理学には，法律や制度に環境倫理学が積極的に関わ

---

6 また今道友信は『エコエティカ』のなかで，現代は技術や手段が強大になり，目的に合わせて手段を選ぶのではなく，手段に合わせて目的を選ぶようになっていると指摘したうえで，そこでは巨大な資本やエネルギーを何の目的で用いるかに関する倫理的意思決定が重要になり，そこでの行為者は個人ではなく委員会になるとして，委員会の倫理（団体倫理）を考える必要があると述べている（今道 1990: 40-41）．

序　章　本書が取り組む三つの課題

っていこうという姿勢が顕著に見られる．そのような姿勢を強く打ち出している人物の一人が，アンドリュー・ライトである．ライトは「環境プラグマティズム」を提唱し，一連の論考において，環境倫理学は価値理論を洗練させるだけでなく，環境政策に示唆を与える議論を行うべきと主張した[7]．

　3.11 以降の環境倫理学には，法律や制度に影響を与えうる議論を行うことがますます求められているといえよう．ドイツの倫理委員会に似たものを日本で敢えて探すならば，「日本学術会議高レベル放射性廃棄物の処分に関する検討委員会」（今田高俊委員長）がそれにあたるだろう．この委員会は 2012 年 9 月 11 日に提言をまとめている（今田ほか 2012，今田ほか 2014）．これこそが環境倫理学者の仕事のように思われるが，日本の環境倫理学にはその仕事を担うだけの力がなかったといえる．

　むしろ日本では，鬼頭秀一が提唱した「学際的な環境倫理学」の構想が深化しつつある．2009 年に刊行された鬼頭秀一・福永真弓編『環境倫理学』（東京大学出版会）は，「半分程度の執筆者が，狭い意味での環境倫理学を専門としていない」ところに大きな特徴がある．「環境問題の目標や理念の問題を正面にみすえて，個別の問題の『現場』感覚を大事にしつつ，しかも，問題の個別性に埋没することなく，普遍的な原理を追求した」ものであり，それによって「個別性にも深く共感を持ちつつも，普遍性を求め，実践性を持ちつつも，理念的問題の道筋となるような，新しいかたちの学問」が誕生した，と鬼頭は言う（鬼頭・福永編 2009: はじめに）．これは狭義の倫理学者の側ではなく，環境問題研究者の側からの環境倫理学を大きく打ち上げたものであり，21 世紀の環境倫理学にとって画期的な一歩となったといえる．逆に言えば，哲学者・倫理学者の影がうすくなった憾みがあり，また欧米の環境倫理学の議論とのつながりが薄れてしまったともいえる．

　7　「環境プラグマティズム」の基本書である *Environmental Pragmatism* は未邦訳であり，日本ではこの分野の紹介が遅れていたが，近年のプラグマティズム復権の波もあり，現在翻訳書の刊行が準備されている．とりあえず，ライトの議論に関しては以下の紹介を参照（吉永 2008）．

4　本書が取り組む三つの課題

　このような状況をふまえて，どのような環境倫理学が求められるのか．日本に生きる我々がとりわけ求められているのは，次の問いに答えることである．すなわち，災後の社会をどう創造するか，そのなかで人が，人以外の生きものたちとどのように生きるのか，という問いである．もちろん，この問いはあまりにも大きく，正解があるものでもない．個別具体的な問題に取り組みながら，それらの取り組みから明らかになることをすりあわせつつ，探索するしかない問いでもある．ゆえに，本書は次の具体的な三つの課題に答えることを目的として刊行される．

　第一に，1970年代以降のアメリカの環境倫理学と，1990年代以降の日本の環境倫理学をふまえつつも，21世紀という新しい時代にそくした環境倫理学の議論を行うことである．そこではリスク社会論（第1章）や，原子力発電（第2章）および気候工学（第7章）に関する科学技術の倫理が喫緊のトピックとして含まれることになろう．

　第二に，哲学・倫理学の立場から具体的な環境問題に対して政策に影響を与えうる実践的な規範を提示することである．放射性廃棄物の処分問題は，空想上の問題ではなく現実の喫緊の課題となっている．この課題に対して，世代間倫理という観点を丁寧に適用することによって，環境倫理学の観点から具体的な応答がなされなければならない（第3章）．

　第三に，欧米の環境倫理学との接続を意識しながら議論を進めることである．欧米の議論の受け売りもよくないが，国際的な議論を無視して国内に閉じこもることも望ましくないだろう．欧米の議論のなかには，日本であまり注目されてこなかった議論がたくさん残っている．とりわけ環境正義（第4章），環境徳倫理学における動機づけ（第5章），ハンス・ヨナスの自然哲学に基づく未来世代への責任（第6章）は，同じ惑星に立ち，生きるものとして共通の問題を提起している．さらに近年では，人新世時代における新しい環境倫理学が提案されている（第8章）．何が普遍なのかも含めて，私たちは個別によって立つ場所から，共に考え，声を上げ，生きるための共通の土台を作らねばならな

い．それが未来について考えるということであろう．

　以上の課題に取り組むことによって，21世紀の環境倫理学の姿を描き出したのが本書である．じっくり読んでいただければ幸いである．

　　＊本章の冒頭部分は，拙稿（2010）「環境倫理学の社会的役割」『社会と倫理』24号（南山大学社会倫理研究所）の冒頭部分を改稿したものである．

参考文献

浅見昇吾・盛永審一郎編（2013）『教養としての応用倫理学』丸善出版

今田高俊ほか（2012）「回答　高レベル放射性廃棄物の最終処分について」www.scj.go.jp/ja/info/kohyo/pdf/kohyo-22-k159-1.pdf（2017年11月30日確認）

今田高俊ほか（2014）『高レベル放射性廃棄物の最終処分について（学術会議叢書（21））』日本学術協力財団

今道友信（1990）『エコエティカ——生圏倫理学入門』講談社学術文庫

ウィーラマントリー，C. G.（2011）「国際反核法律家協会会長　ウィーラマントリー判事からの書簡　原発の存続・拡散は将来世代への犯罪」『日本の科学者』Vol 46. No 7（浦田賢治訳）http://www.jsa.gr.jp/04pub/2011/201107p57-59.pdf（2017年10月13日確認）

岡本裕一朗（2002）『異議あり！　生命・環境倫理学』ナカニシヤ出版

岡本裕一朗（2012）『ネオプラグマティズムとは何か』ナカニシヤ出版

加藤尚武（1991）『環境倫理学のすすめ』丸善ライブラリー

加藤尚武（1993）『二十一世紀のエチカ——応用倫理学のすすめ』未来社

加藤尚武編集代表（2007）『応用倫理学事典』丸善出版

鬼頭秀一（1996）『自然保護を問いなおす——環境倫理とネットワーク』ちくま新書

鬼頭秀一・福永真弓編（2009）『環境倫理学』東京大学出版会

佐倉統（1992）『現代思想としての環境問題——脳と遺伝子の共生』中公新書

丸山徳次（2001）「里山の環境倫理——「里山学」構築のためのノート」『龍谷大学論集』458号，83-123頁

丸山徳次（2004）「講義の七日間——水俣病の哲学に向けて」丸山徳次編『岩波　応用倫理学講義2　環境』岩波書店

丸山徳次（2007）「自然再生の哲学〔序説〕」『里山から見える世界　2006年度報告書』龍谷大学里山学・地域共生学オープン・リサーチセンター，452-470頁

眞嶋俊造ほか編著（2015）『人文・社会科学者のための研究倫理ガイドブック』慶應義塾大学出版会

山脇直司（2015）「原子力時代における倫理概念の再構築——統合的観点から」山脇直司編『科学技術と社会倫理——その統合的思考を探る』東京大学出版会

吉田正人（2007）『自然保護——その生態学と社会学』地人書房

吉永明弘（2008）「「環境倫理学」から「環境保全の公共哲学」へ——アンドリュー・ライトの諸論を導きの糸に」『公共研究』5巻2号，千葉大学公共研究センター，118-160頁

第Ⅰ部　災後の環境倫理学

【イントロダクション】

　「災後の環境倫理学」とは，高レベル放射性廃棄物だけでなく，低線量被ばくの可能性と半永久的に広く向き合っていかざるを得ない，私たちの環境倫理学である．2011年3月11日の東日本大震災を直接のきっかけにして，東京電力福島第一原子力発電所（以降，福島第一原発）の1・2・3号機が炉心溶融を起こし，4号機の核燃料プールが水素爆発を起こした．事故現場を中心として広く原発由来の放射性物質が飛散して今日に至っている．この事故以前にも日本社会は被ばくの経験を重ねてきた．第二次世界大戦時の原爆投下による被ばく，冷戦期の核実験競争の中でのビキニ諸島マグロ漁船第五福竜丸被ばく，東海村 JCO 臨界事故（1999年）での施設内被ばくである．だが福島第一原発事故は，広範囲にわたる低線量被ばくの可能性と，数多くの避難者を生み出した．そしてわたしたちは改めて，その様な被害と共に，戦時という非常時における核利用と，平常時における核の平和利用の二つの看板のもとで生きているという現実，それに伴うリスクと社会の問題に改めて目を向けることとなった．その意味で，3月11日以前と以後とでは，根本的に異なる「環境」に私たちは生きている．つまりわたしたちは，「災後」であることを強く意識せざるを得ず，その後の社会を再びどのように組み立てるかを考えざるを得ない状況にある．しかも，福島第一原発後の避難をめぐる対応は，多くの対立を生み，被災からの再生をめぐって数多くの困難があることを露わにするものであった．

　そのことを念頭におきつつ，思考を整理するためあえて簡単に，被害を最小に止め，再生に向かう方策はどのようなものがありえたか，考えてみよう．

　ICRP 2007年勧告によると，一般人の年間被ばく線量限度は 1 mSv である．まずはすべての日本人にこの基準を端的に適用しよう．そして，この基準を上回る線量の被ばくを強いられる土地に生活の基盤を持っていた人たちに対しては，国家が移住の義務ないし権利を認め，新生活をスタートするための具体的な支援を行う．原子力発電所は民間の電力会社が建設し，稼働していたものである．なぜ国家が補償を行うのか，という問いには，これまでの経緯から，と答えられよう．そもそも核の平和利用については，正力松太郎・中曽根康弘が先頭に立って米国アイゼンハワー大統領の「アトムズ・フォー・ピース」政策に乗る形で，それぞれの思惑から国策として原子力の導入を進めたこと，さらに日本政府がずっとその延長線上で原発政策を継承発展させて来たことは明らかである．したがって，被災者の支援に対しては国に責任があ

第 I 部　災後の環境倫理学

るといってよいものと考える．もちろん，だからといって事業者である東京電力を免責することを意味するものではないだろう．

　さてしかし，現実にはどのようなことが起こっただろうか．福島第一原発の立地自治体の一つである双葉町をもとに考えてみよう．事故直後から数年間にわたって，町長を心ならずも辞任するまで，双葉町前町長井戸川克隆はおよそ7000人の町民の人権のできる限りの保全を求めて，つまり年間被ばく線量1mSv未満の土地への町全体の移住の可能性を探っていた．すなわち，幾世代も後，放射線量が十分に低くなった後に帰るまで，どこか別の場所に双葉町を構えようとする「仮の町」構想である．これこそ先ほどのべた，シンプルな解決策の具体的な構想といえよう．震災当時，双葉町はいち早く埼玉県に避難し，埼玉県から提供された旧騎西高校校舎にいわば籠城する形で，町民の集約を試みていた（騎西高校は「仮の町」へ移るための最初のステップに過ぎなかったのである）．結果として，町長の辞任によってこの計画はかなわなくなり，「極秘」だった「仮の町」構想は「幻」になってしまった．復興庁の予算が付いた「7000人の復興会議」を通して，「仮の町」のグランドデザインを町民自身の手で作り上げようという試みもまた，未完に終わった．

　井戸川前町長がその実現可能性[1]まで見据えて企画していた双葉町の「仮の町」構想は，簡潔にして，当時もっとも一人一人の「人権」を根底からとらえた計画であったと筆者は考える．しかし，原子力災害対策特別措置法に基づいて町民を町から脱出させた後は，一律に災害救助法が適用され，その枠内では都道府県知事が決定権を持つ．井戸川は，佐藤雄平前福島県知事が「町として」双葉町民が流出し，県外に'双葉町'を築くことを恐れたと指摘する．その結果として，大まかに言って福島県内と県外とで町民の分断が生じた[2]．

　つまり，町長以下町民の意志に反して，多くの町民が町と県との間に挟まって翻弄されて来て今に至る．翻弄されているのは双葉町に限ったことではなく，福島県を中心に多くの自治体にも当てはまるだろう．個人の事情，思想，感情，家族の事情，仕事の事情，郷土への愛着を抱えて生きている一人一人の生活者にとって，例えば埼玉

　1　「仮の町」構想について，「井戸川克隆さんインタビュー　福島第一原発事故と『仮の町』構想」『環境倫理』第1号，2017年，38-170頁を参照．特にその実現可能性については132頁を参照．

　2　例えば井戸川克隆（2015）『なぜ私は町民を埼玉に避難させたのか』（聞き手・企画　佐藤聡）駒草出版，68-77頁参照．

と福島とに分かれた双葉町民にとって，井戸川町長は物理的に遠い存在であったかもしれない．心情的な行き違いが生じてしまえば，心理的にもうんと距離ができる．何よりも生活と政治の間にとてつもない距離がある[3]．

*

　第1章で福永真弓は，災後の環境倫理学とはこのとてつもない距離の存在を認めるところから始まると主張する．その距離は，例えば専門家と素人のリスクの捉え方の違いとして表面化する．すなわち，専門家が何らかの危険な事象そのものをパラメータ化し，確率概念としてリスクを算出して処理しようとするのに対し（「素朴な実証主義」），素人は科学的事実を逆に過小評価しリスクを自ら認知する際に，自らが属する社会的・文化的文脈に沿って解釈する（「文化相対主義」）．また，リオ宣言以後の世界にあって，予防原則にのっとった法制度及び政策や，予防原則を適切に運用するためのリスクコミュニケーションは当事者間の「信頼」を資本としてはじめて成立するものなのに，専門家が己の権威を絶対的なものとし，一方的に素人を啓蒙し，「安心」させようというリスクコミュニケーションが震災後の日本では支配的である．このような状況下で，素人市民はおのれの生活と技術や政治との間の距離をひしひしと感じることになる．

　さらに，福永はベックの議論を参考にして，現代では科学・技術の発展によって生じたリスクを個々人が自発的に管理，選択することができず，受け身的に被るしかなくなっているばかりか，その配分が不公正であると指摘する．さて，不公正に配分されているならば適切に再配分されねばならないが，しかし再配分する際に横のつながりは既に潰え，個々人がバラバラにリスクの再配分に参与せざるを得ないのだ，と福永は指摘する．これをリスクが「わたくしごと」となった事態という．しかし当然，損害の規模の大きな現代のリスクは自己責任において対処できるものではない．リスクをめぐる矛盾と苦しみの生成である．

　福永は，福島第一原発事故を機に被ばくリスクを回避すべく移住した女性のインタ

3　この「距離」について，舩橋淳監督（2014）『（DVD）フタバから遠く離れて』，同（2016）『（DVD）フタバから遠く離れて　第二部』，舩橋淳（2012）『フタバから遠く離れて』岩波書店，同（2014）『フタバから遠く離れて II』岩波書店，小野田陽子（2017）『福島双葉町の小学校と家族　〜その時，あの時〜』コールサック社を参照．とりわけ井戸川と小野田の著作は合わせて読まれ，かつどちらの体験と見解も尊重されるべきである．

ビューを引用し，ここまでまとめてきた有様がまさに一個人の人生において現実になっていることを示す．そしてこのインタビューの分析を通して，2011 年 3 月 11 日以降の日本が，ベックの「リスク社会」をさらに複雑化させた事態にあることが改めて明らかにされる．そこで獲得されねばならないのは，前述の「素朴な実証主義」と「文化相対主義」の対立を乗り越えるための「社会的合理性」である．社会的合理性の所在を明らかにしてはじめて，リスクが人生にもたらす矛盾と苦しみを共有し，乗り越えることができるのだという．

　こうして，福永はリスクが「わたくしごと」化されている以上，個々人のリスクを記述することから始めなければならない，つまり環境倫理学は帰納的に開始され，追及されねばならないと強く主張する．また，福永は「災後」という語によって「福島第一原子力発電所事故後」に限定せず，科学・技術の誤りや過剰によってもたらされた，あるいはもたらされる可能性のあるカタストロフィ一般の「後」を想定している．

＊

　第 2 章では，吉永明弘が環境プラグマティズム以後の米国における環境倫理学の流れを紹介した後，直近の環境倫理学において福島第一原子力発電所事故がどのように論じられたのかを検討している．第 1 章にも登場したシュレーダー＝フレチェットは，「ブラックスワン」という語を用いて原発事故を倫理学的に考察する．現在日本では，国や東京電力を相手取って数多くの訴訟が起こされているが，被告側が原発事故の一連の事態は事前に予測することのできない，想定外のものだったと弁明するのはよく聞く話である．この「想定外」という言説が，そうした言説を主張する人々が用いる確率の説明における方法論的・認識論的誤りをはらんでなされることをシュレーダー＝フレチェットは明らかにしている．また，Möller と Wikman-Svahn はリスクの生産者たちがその費用や健康被害の全部を負担しなくてもよいという状況からモラルハザードが生まれ，その結果「見えているけれども無視する」という「ブラックエレファント」が生じると指摘する．ここで紹介されている，ブラックスワンとブラックエレファントをいかにして避けるべきかについての議論は，「想定外」という弁明に対するストレートな応答を導くであろう．

　海外の論者のコメントは，高レベル放射性廃棄物の処理における，世代内正義と世代間正義の対立にも及ぶ．この箇所（第 6 節）については，第 3 章と照らし合わせて読むことによって，「核のゴミ」問題をより立体的に考察する手掛かりとなろう．

イントロダクション

さらに海外の論者は総じて福島第一原発事故を深刻にとらえ，脱原発を主張する傾向が強いが，すべてがそうであるわけでもないことを吉永はフォローしている（第7節）．人為的な地球温暖化が真実であり，かつ深刻な問題と捉えるラブロックやハンセンらは，原発からの二酸化炭素の排出量が相対的に低いことや，太陽光発電等に比べて出力が安定していることを理由に，原子力発電を肯定している．しかし彼ら「気候ファースト」論者への批判もまた存在する．そもそも気候変動と原子力発電とを二者択一にすべきなのだろうか．気候変動対策は，環境正義を踏まえて総合的に解決されるべきではないのか．この問題については第7章もあわせてお読みいただきたい．

　吉永による海外の環境倫理学者からの福島第一原発事故に対するリアクションの検討から見えてくるのは，環境倫理学が帰納的探究だけでは決して成立しないということである．例えば吉永はシュレーダー゠フレチェットの議論が原子力事業に携わる事業者や政策担当者の方法論的・認識論的誤りを指摘していることを見逃していない．環境倫理学は記述だけに留まらず，いのちのリスクをもたらしているものの見えない急所を突くものでなければならない．急所を突くためには，突くに足るだけの強度を持つ理念が欠かせないのである．いのちのリスクにさらされている生活者の怒りと苦しみは果てしがないが，ただ一緒に苦しんで終始するなどということを生活者は望んでいないはずである．

＊

　第3章では，寺本剛が高レベル放射性廃棄物を将来世代へと引き継がざるを得ない事態を踏まえ，環境倫理学的な理念・原則の提示を行っている．従来の環境倫理学，とりわけ世代間倫理は，将来に対して禍根を残しうる行為の反倫理性を説得的に主張することに主眼を置いてきたと考えられる．しかし，原発事故の有無以前に，世界中にいわゆる「核のごみ」が，しかも大量に存在するようになって久しい．日本では，高レベル放射性廃棄物の「ガラス固化体」が2020年度末までに累計約4万本に達すると見込まれている[4]．この膨大な量の現在世代の負債を引き継がせなければならないのである．

　寺本はまず政府が推進しようとしている最終処分としての「地層処分」，最終処分

4　公益財団法人原子力環境整備促進・資金管理センターホームページ「放射性廃棄物の処分について」https://www.rwmc.or.jp/disposal/high-level/1-3.html（2018年2月11日閲覧）

第 I 部　災後の環境倫理学

とせずに地表に近いところに埋める貯蔵，そして地上での貯蔵について，その概要及び利点・欠点を整理する．さらに，次世代以降へ引き継ぐにあたっての技術的な前提条件について整理した後，寺本は，私たちの義務とは，廃棄物のリスクや負担を将来世代へと引き継いでいくプロセスをできるだけ倫理的なものにすることだと論じる．また，プロセスの倫理性を確保するにあたり，寺本は技術哲学的に考察する．すなわち，コリングリッジの「技術選択論」を援用し，人間の知性，情報収集力，分析能力が貧しいために現実に凌駕される可能性を，ある技術を導入するときに念頭に置く必要があるという．こうした技術の本質から，寺本は高レベル放射性廃棄物処分における倫理性を確保する倫理原則を導出する．

　ただ，世代間公正という理念はもともとは将来世代へと負債を一方的に引き継がせないようにしようというものだったはずである．本書でも扱われる気候変動リスクに関してはそのような方向性が目指されてもいる．したがって，高レベル放射性廃棄物の存在自体がこの理念の完全なる充足を不可能にしていると見ることもできる．そう考えた時に，理念と現実の乖離を嫌い，そのような理念をことさらに非現実的であるものとして退けようとする人もまた多い．この点について寺本がいかに考えているのかが，本章の核心である．

＊

　第 4 章では福永が，環境正義について論じる．第 8 章でも再び取り上げるが，そもそも環境倫理学は米国で自然保護の思想として始まった経緯がある．その自然，つまり「原生自然」と称される手つかずの自然を，そのまま保護するのか，あるいは人間にとっての利用価値を毀損しない目的で保全するのかが問われていた．しかし，「原生自然」思想についてインド人のグーハは，自然を財とみなした場合に原生自然思想が貧困層から富裕層への財の移転を帰結すると指摘し，自然保護思想が生活者の利益と端的に対立するばかりか，自然保護思想が経済的搾取と矛盾なく両立することを説いた[5]．この両立は何も国際的にのみ成立するわけではない．環境正義論は米国内における人種差別の一形態，「環境人種差別」への対抗理論として成立してきた．原生自然を愛好する人々が自覚の有無を問わず差別に加担していることは大いにありう

5　グーハ（1995）「ラディカルなアメリカの環境主義と原生自然の保存—第三世界からの批判」『環境思想の多様な展開（環境思想の系譜 3）』東海大学出版会，81-91 頁．

ることなのだ.

　本章では，米国内の環境正義論小史が語られた後，1991年に全米有色人種環境運動指導者サミットで採択された「環境正義の原理」について，詳細に検討される．この「環境正義の原理」に関してここまで内在的に検討したものは本邦の類書になく，大変に重要である．その内容については本文を読んでいただくことにして，ここで読者は福永が掲げる帰納的な歩みが理念として結実していることを容易に読み取ることができよう.

　今後の環境正義の議論に向けて，筆者から重要な論点を指摘しておきたい．「環境正義の原理」では，自然保護に関する新しいパラダイムが現れている．つまり，「原生自然」とは全く異なる自然観が環境正義を支える基礎であることが記されているのである．北米の文脈の中で Mother Earth と表現されるのは，人間と自然の連続的かつ相互依存的な関係である．わたしたちはこの関係性を，対象に即して多様に表現し，概念化し，記述してきたし，その際の手法として科学的，そして多様な社会文化的方法を用いてきた．環境正義の実現とは，究極的には，この連続的で相互依存的な関係の実態を複眼的に捉えつつ，相互依存関係を適切に回復していくことを含む．いわゆる「第三世代の人権[6]」の中に，環境へのアクセスと環境に関する決定に主体的に関与できることが含まれていることを考えれば，環境正義としてこの自然観が組み込まれているのも不思議ではない．ここから演繹的に環境不正義を引き起こす社会構造，さらに具体的に言えば政治的権力が定めた制度，市場経済システムによって定められた生活のあり方，そして軍事活動からの脱却，変革が目指されねばならないと言える.

　福永の真骨頂はその脱却，変革のための方法論を，国内外の多様な議論を取捨選択し圧縮しながら自家薬籠中のものとして仕立て上げていくところにある．その方法論において，核となるのは被害当事者の「存在」の「承認」であろう．そのことは，「環境正義の原理」の中で第11原理としても主張されているという．環境正義における「承認」とは何か，承認され公共空間に「現れ」た被害当事者，生活者に対する支援とは，どのようなものと考えられるのか，読者には福永の議論に沿ってじっくり考えていただければ幸いである.

　そして，この環境正義の議論は，常に現実と照らし合わせつつ読まれなければなら

6　人権において自由権，社会権に続いて，20世紀後半から開発途上国等から提案されてその獲得が目指されている権利のこと．他には国連で1986年に採択された「発展の権利」などを挙げることができる.

ない性質のものでもある．例えば，原子力災害対策特別措置法第23条には，原子力緊急事態宣言が出された場合に「原子力災害合同対策協議会」を設置しなければならないことが記されている．この「協議会」は，原子力災害現地対策本部，都道府県災害対策本部及び市町村災害対策本部が「原子力緊急事態に関する情報を交換し，それぞれが実施する緊急事態応急対策について相互に協力するため」に設けられるものである．そもそも2018年3月現在，原子力緊急事態解除宣言は解除されていないが，解除宣言が出る前も出た後も「協議会」が「相互に」協力するために存続されねばならないとされている．「相互に」ということは，国が都道府県や市町村に対してトップダウンで指示を下していくのではなく，国，都道府県，市町村（立地自治体および周辺自治体）の各行政組織が，現地の状況とニーズを逐一確認しながら共同で対策にあたらねばならないということに他ならない[7]．

　しかし，事故当時の菅直人首相は，原発から至近に立地していたオフサイトセンターが使えなかったためか，法規に従って「協議会」を設置しなかったと言われている[8]．原発事故対応は，以後自民党政権になっても変わらずに今日に至るまで立地自治体の行政を意思決定プロセスに加えることなく進められている．一人一人の生活者が現れるどころか，立地自治体及び周辺自治体という行政組織ですら主体として認められていない．このことが，福島第一原発事故におけるリスクの「わたくしごと」化の大きな要因の一つである．福永のいう「よりそい」は，一人一人の生活者ごとに多様なあらわれ方をする社会悪を環境倫理学理念に照らして析出するという意味に解されることもできよう．

[山本剛史]

　7　これについて図解しているものとして，東京電力「福島原子力事故調査報告書」添付資料5-4を参照．http://www.tepco.co.jp/cc/press/betu12_j/images/120620j0306.pdf（2018年2月19日閲覧）
　8　前掲「井戸川克隆さんインタビュー」，72頁参照．

第1章　リスク社会における環境倫理学

福 永 真 弓

1　リスク社会という現実への再直面

　本章では，なぜ今，応用倫理学としての環境倫理が必要なのか，リスク社会であるという現代社会の特徴を踏まえながらまとめておこう．その際，着目したいのは，2011年の東日本大震災以降問題化されてきた「いのち」である．東日本大震災による津波と地震，福島第一原子力発電所の事故という複合災害の経験から，わたしたちは改めて，現代社会がリスク社会であること，そしてリスク社会の中でいのちを紡ぐこと，紡ぎ続けることの困難を知ることとなった．後に詳しく述べるが，「いのち」とは，生きものが生まれて成長し，やがて死にゆくことであり，その過程で生きものを生き生きと動かす力のことである．また，その力ごとみずからの身体と精神を明日へとつなげる再生産の過程であり，未来の生きるものを生み出すことに関与する過程である．「いのち」という言葉は，環境運動の中で繰り返し被告や支援者により用いられてきた．福島第一原子力発電所事故の後におこった，国会議事堂前のデモを含む反原発運動においても，復興をめぐる言説のなかでも，「いのち」はしばしば用いられてきた．

　そこでこの章では，リスク社会という概念を手がかりに，「いのち」が問題化される背景を紐解いてみよう．それは，わたしたちが他者との関わりの中で，行為するものとして自己を立ちあげることができること．そして，未来に自分のいのちを十全につなげられる社会であること．リスク社会から「いのち」を考えることは，そうであるためにどのような社会倫理が必要かを考えることである．

　リスク社会という概念で現代社会の特徴を代表させてしまうことに疑念を抱

第Ⅰ部 災後の環境倫理学

く人もいるだろう．しかしながら，災後の社会を生きるわたしたちが直面しているのは，環境リスク[1]の再分配をめぐる政治によって，わたしたちの生そのものが，生の座す時空間ごと再編成されるという現実である．

このことを端的に示しているのが，2015年の国連による持続可能な開発目標（Sustainable Development Goals, SDGs）である．「誰も取り残さない（No one left behind）」ことを掲げたSDGsと，途上国中心だったミレニアム開発目標（MDGs）との顕著な違いは，先進国および市場・企業がその担い手としてみずから躍りでたことにある．背景には，気候変動，生態系変容など環境リスクの増加とその顕在化による被害が，地政学的リスクと共に市場・経済活動の中心的な関心となったことがあろう．また，生態系の多面的機能を利用したリスク管理やエネルギー創出を目的に，資源を生み出す空間をめぐる再編成と競合が激化していることもあげられよう．今や，リスクの再分配に加えて，リスクとその顕在化による被害を緩和し，社会をリスク管理に適応する過程すらも市場化されている．そしてリスクと富の不平等が相互作用し合い，新たな社会的排除と不正義が生まれている．たとえば，資源利用ができない，住環境が悪化した「死せる土地，死せる水」（Sassen 2014）が増大している．この増大は環境難民という人口移動を生み，難民となった人びと，難民が辿りついた場所に住む人びと，どちらにも新たなリスクとリスクの再分配をめぐる争いを生み出す．こうして，環境の変容により人びとのいのちは大きく影響を受け，「取り残される」人びとが増えている．

人びとがよりよくみずからの生を生きようとするためには，何がその条件として不可欠か．基本的人権の内容を問うその答えに，現在では，自己の生を支える資源の持続性と，公正な環境リスク再配分が加えられねばならないだろう．SDGsの「誰も取り残さない」というスローガンは，そのようなリスク社会だからこそ，掲げられたものである．

他方，リスク社会はその歩みを止めず，富の再分配と環境リスクの再分配の

---

1 本章でリスクというときには，人びとが望まない負の諸結果がもたらされることを広く指すものとする．なかでも，特に環境が要因となって，人びとの日々の生活から人生そのもの，物理的な身体や精神も含めた「いのち」とそれを取り巻く環境に望まない負の諸結果がもたらされることを，環境リスクと呼ぶ．

第1章　リスク社会における環境倫理学

強固な相互作用と，環境リスクを新たな財とする市場経済の進展もますます広がっている．このことをさして，医療社会学者の美馬達哉は，国家による統治と市場の関係性に特に着目しながら，端的にその変容を次のように指摘する．すなわち，すでにわたしたちが生きるのは，「安全性の制度化であるケインズ主義的福祉国家としてのリスク社会から，選択の自由と市場での競争に伴うリスクを積極的に価値づけるネオリベラリズム的なリスク社会」への変容した社会である（美馬 2012: 223）．

　そのような社会における「いのち」について議論するために，まず，リスク社会の特徴について簡単にさらっておきたい．

2　リスクをめぐる二つの還元主義的立場

　そもそもリスク[2]社会とは，ドイツの社会学者ウルリヒ・ベックが用いた，現代社会の特質を端的に表現する言葉である．わたしたちは，生活や社会をより豊かにする過程で，科学技術の利用や統治のための仕組みをいっそう高度化・複雑化させ，生態系破壊リスクや原子力発電事故など大規模事故のリスクなど，個人でも社会でも対処しきれない人工的な環境リスクを生み出してきた．転機は環境問題が世界的な社会問題として認識された1970年代，富の不平等とそれを是正する再分配が関心の中心だった階級社会から，環境リスクの再分配が社会的関心の中心にある社会，リスク社会としての特徴が露わになった（ベック 1986＝1998）．

　チェルノブイリ原発事故と同年に出版されたベックのリスク社会論を一つの

2　ベックと同じ社会学者のニクラス・ルーマン，アンソニー・ギデンズらによる理論的貢献もあって，リスクと社会に関する議論もベックのリスク社会論との差異を意識しながら広く論じられてきた．ベックは Risiko（リスク）と Gefahr（危険）を1986年の著書『リスク社会』では明確に使い分けていないが，後にニクラス・ルーマンのリスク論（『リスクの社会学』1991＝2015）による区別を念頭に使い分けている．そこでは，リスクを原則的に人や社会が制御可能な決定により生み出されたものとする一方で，産業社会により制御されることが少ない，もしくはされないものを危険と区別している（ベック 1996＝2003）．ルーマンにおいて危険は，自分以外の誰か他者の決定によって，あるいは別の何かしらの原因によってもたらされる未来の損害可能性である．リスクは逆に，自分の決定の結果としてもたらされる未来の損害可能性である（ルーマン 1991＝2014）．

第Ⅰ部 災後の環境倫理学

契機として，現在では社会的リスクに関する議論は，学際的な学問として一分野を形成している．もっとも，リスクという概念は複雑であり，定義の内容は分野によってかなり異なる．

たとえば保険数理や技術的なリスク解析分野では，リスクを，客観的かつ科学技術を用いて計測できる確率的な事象として数量的に捉え，管理を行おうと試みる．換言すれば，リスクは計量・予測可能なものだと見なされている．

対照的なのは 1980 年代から盛んになった，ウルリヒ・ベックやニクラス・ルーマンら社会学者によるリスク社会論や，文化人類学者によるリスクの文化論的アプローチが基礎におくリスク概念である．これらの議論では，科学的評価ができない，確率では表現できないリスクの不確実性[3]を念頭においている．また，実際に人びとの健康に害を及ぼす毒性など客観的な損害と，そのような損害が社会によって認知され，損害可能性をリスクだと理解されることのあいだの「ずれ」に着目し，認知・受容から，社会文化的な文脈の中でリスクは構成されるものだと考える（Douglas and Wildavsky 1982; 平川 2002）．この視点から見れば，リスクをめぐる争いとその問題の複雑さは，リスク知覚と理解，それらを可能にする文化的・社会的枠組みと文脈，認知されたリスクの価値づけがそれぞれ多様であることに起因する．事態が複雑化するのは，このようなリスク認知の差異が，諸個人・集団の社会経済的立ち位置の差異と相互連関しながら，再分配の政治に各人が参与する背景を形成するからだ．

環境正義や環境リスクについて研究を蓄積してきた米国の環境倫理学者クリスティン・シュレーダー＝フレチェットは，このような態度の差異が実社会の中では還元主義的に強調されがちであることを指摘している．そして，互いが対立することで，実際にはリスクをめぐるステイクホルダーの間に不信を招き，民主的かつ公共的な手続きや問題の解決を遠ざけるとも指摘した．シュレーダ

---

3 東日本大震災以降の科学技術とリスクマネジメントについて，鬼頭秀一は，ある閉じた一定のパラダイムの中で，確率論的に，あるいは外挿により不確実性に対処しようとするとき，リスクに苦しむ人びとの多様さ，リスクをめぐる事実と価値の複雑さを捉えることができず，結果的に収束を目的化した政治的文脈にすくい取られることを指摘している．鬼頭は科学的・工学的判断と決定を，「感情」を手がかりとして公共に開くポスト・ノーマル・サイエンス（ラベッツ 2004 = 2010）のこの問題への有効性を認めつつも，科学・工学自身がこの問題を解ける方法論の必要性も指摘している（鬼頭 2015）．

ー＝フレチェットは，リスクを純粋に科学的事実へと還元し，計量可能な確率的事象として理解する立場を「素朴な実証主義」と呼ぶ．対置されるのは，環境運動にしばしば見られるように，リスクを社会的構築物へ還元し，リスクを構成する科学的事実や要素を過小評価して主観的にリスクを正当化する「文化的相対主義」である．この立場は科学技術の知識生産を行う専門家と，素人／生活者のあいだの対立としても単純に表現される．もちろん，シュレーダー＝フレチェットの主張は，どの立場にも還元主義的にならず，両者の立場を理解する中間にわたしたちは身を置き，具体的な施策を社会の中で実現すべきだというものである（シュレーダー＝フレチェット 1991＝2007）.

　しかしながら，還元主義的な態度は，制度化されたリスクマネジメントにも影響を与えてきた．現在では，リスク概念に対しては，予防概念が対置され，予防原則アプローチ適応のための法制度設計と制度化も盛んに行われてきた[4].また，科学的不確実性に加えて，原因の確定や根治の困難を前提とせざるを得ないことから，リスクマネジメントのためにリスクコミュニケーションも制度化されてきた．リスクコミュニケーションは，リスクに関わるステイクホルダーに対して，「信頼」を一つのツールとしてリスクの再配分をめぐる政治の公正さやリスクへの対処をはかる．「信頼」は，分断された立場にある人びとのあいだで，公正な情報公開，意志決定過程の透明性，データや事実の解釈と価値づけ，リスク認知の多様さの承認と理解，などを可能にする重要なツールであり，人びとのネットワークのための資源となる．さらに，「信頼」が重要なのは，シュレーダー＝フレチェットが指摘したように，どちらの還元主義にも陥らない中間の立場を構築するために，互いが貢献しあい，リスクの実在について共通の認識を深める手立てになるからである．すなわち，「信頼」の構築を核とするリスクコミュニケーションはリスクマネジメントの要である．

　他方，信頼ではなく，推進している事業について，啓蒙的に説得して「安

4　実際にはリスクに対する認知と対処のための制度化は国や地域によって大きく異なる．たとえば，ドイツでは1970年代に西ドイツで事前配慮原則（Vorsorgeprinzip）が適用され，1974年に連邦イミッシオン防止法で明確に位置づけられた．旧ECのマーストリスト条約に予防原則アプローチが盛り込まれて以降，EUでも制度化されている（O'Riordan and Cameron 1994）.

心」を人びとが得るよう企業や国家が働きかける，というリスクコミュニケーションも制度化されてきた．特に日本では，たとえば原子力発電所など巨大技術かつ迷惑施設の立地と操業に関して，「素朴な実証主義」と一般へのパターナリズムにもとづく啓蒙と馴化の過程としてリスクコミュニケーションが設計・実施され，リスク受容者が「安心」を得るという構図がある（丸山 2013; 島薗 2013）．シュレーダー＝フレチェットの分析した二つの還元主義的立場の対立は，より巧妙なかたちになって実社会にあるといえよう．

　このような現状を踏まえながら，本章ではもう一つの現代的リスクとしての環境リスクの特徴，リスクが「わたくしごと」化されるということに着目して議論を続けよう．

3 「わたくしごと」化されるリスク

　では改めて，現代的リスクとしての環境リスクの特徴を明らかにしていこう．その際には，ウルリヒ・ベックの議論に依拠しながら進めてみよう．リスク社会論の基礎をつくったベックの議論は，その後世界リスク社会論として更新された．世界リスク社会論のなかでベックは，テロリズムや戦争，グローバリゼーションの進展という現実から，リスク社会と形容された80年代よりも，予測不可能性や不確実性がはるかに高まったことを指摘する（Beck 2007＝2009）．まさにそのことが，「わたくしごと」化されるリスクという局面を強めていくのだが，まずは，ベックが明らかにしたリスク社会における現代的リスクについて考えよう．

　さて，現代リスクの特徴とはいったいなんであるのかを考える際には，いささか皮肉なことだが，一般的にわたしたちがリスクだと考えているものとの違いを考えるとわかりよい．わたしたちが一般的に考えるリスクとは，みずからの利益を得るために未来の損害可能性を引き受けることを，当事者みずから決定するがゆえに生じるものである．だが現代的リスクの特徴は，当事者個人がそれを決定できず，わたしたちが偶然に生まれ落ちた社会に，科学・技術の発展から生まれたリスクが，予め構造化されていることにある．わたしたちはこのようなリスクを受動的に引き受けざるを得ない（ベック 1986＝1998: 56-60）．

第1章　リスク社会における環境倫理学

　また現代的リスクには，平等性と不正義をもたらす偏在性，両者の性質がある．さらにその損害の空間的規模の大きさゆえに，歴史的に作られてきた階層や境界を超えて，地球上の人びとは，未来世代も含めて「等しく」リスクにさらされることになる．しかし，リスクの生成者とリスクによる犠牲者のあいだには，リスク社会特有の新たな非対称性と不公正さも生まれる．富の再分配とリスクの再分配が不可分に結びつくからだ．グローバルに広がる消費・生産構造ゆえに，この非対称性と不公正さもまた，わたしたちの日常に知らぬ間に社会・経済リスクと共にもたらされる．

　よって現代社会において生きようとすれば，所与のものとして自分が決定できず受動的に引き受けざるを得ないリスクについて，回避や移転などの対策を練りながら，リスクの再分配を有利に運ぶことが戦略としてとても重要となる．リスクの分配の論理と分配をめぐる争いが人びとの関心の中心となり，人びとを動かすのはリスクをめぐる不安となる（同上：75）．そもそも，現代社会において，リスクをめぐる政治に参与し，身体や生命を支えるための決定をする単位は個人であり，階級，家族，地域社会ではなくなっている．わたしたちは行政サービスや生産・消費システムに依存しながら，選択という形で個人の自由を享受する，「制度化された個人主義」の中にあるからだ．ゆえに，社会・行政側からも，リスクの管理は個人の人生のなかで私的に管理されるべきものとみなされ，管理の自己責任が求められる．リスクは，その人の人生の中で出会う「わたくしごと」としてみなされるのである．

　しかしこのことが現代リスクの特徴とのあいだで矛盾をうむ．大規模化したリスクの被害は「わたくしごと」として対処ができるものではない．保険制度[5]など社会に用意された「わたくしごと」としてのリスク管理のもとでは損害をまかなえない．それにもかかわらず，「わたくしごと」として自己責任の範囲内で対処しなければならなくなることから，責任を持てないことに責任を

　5　原子力発電事業も法人としての東京電力が「わたくしごと」としてリスクを移転する保険制度の枠組みに組み入っていた．「原子力損害の賠償に関する法律」（1960）がそれにあたるが，原発事故後，民間の複数の損害保険会社による「日本原子力保険プール」契約が更新できず（2012年1月），1200億円を自己資金でまかなわざるをえなくなったことは，原子力発電所のリスクが保険制度には移転できないことを示している．

第Ⅰ部　災後の環境倫理学

求められる，リスクをめぐる矛盾と苦しみが生じる．

　こうして，かつてなく広がるリスクによる生きる空間ごとの再編成と，それによる不正義の構造のなかで，みずからが決定に参与できないまま，個別の「わたくしごと」としてリスクに対処しなければならない状況が，その難しさが，私たちの目の前にある．しかも，ベックも指摘するように，世界リスク社会となった現在，わたしたちはリスクをリスクとして見いだす難しさにも直面している．そもそもリスクは，危険や崩壊を見いだしてそのようなものであると決定し，リスクとして形容するための言葉や制度のなかではじめてリスクとして形を現す．しかし現在は，危険や崩壊の影響が，たちまちグローバルに，人びとの想像可能な範囲を超えて広がるし複雑化する．それは同時多発するテロリズムや，原子力発電所など巨大技術を用いた施設の事故に留まらず，遺伝子改変やAI，情報技術なども同様である．加えて，リスクの実在に関する認知は，人びとの地政学的な配置，社会文化的差異によっていっそう異なる．ゆえに，もはやわたしたちは，リスクをそのようなものとして決定し形容する，共通の言葉や制度の機能不全に直面している．リスクは現実の危険や崩壊から乖離し，リスクそのものとリスクの文化的認知のあいだが限りなく不明瞭になり，リスクをどう演出するかが，個人，社会，国家，あらゆる行為者にとって重要な問題となる（Beck 2007＝2009: 9-19）．「わたくしごと」化するリスクがもたらす苦しみは，このような世界リスク社会化のなかでいっそう加速する．そして，シュレーダー＝フレチェットの指摘した，純粋な科学的記述にリスクをすべて還元する「素朴な実証主義」と，どのようなリスクも正当化する「文化的相対主義」，二つの還元主義の二項対立的な争いもまた強まる．

　ゆえに，「わたくしごと化」したリスクを「記述する」「腑分けする」営みこそが求められる．そこから，両者のあいだの立ち位置を築く方法が模索できるだろう．それは，かつてなく「記述する」応用倫理学としての環境倫理学の役割が求められていることも意味する．環境倫理学こそ，現場を這い，人びとと共にリスクの内実に接近しつつ，リスクそのものの，そしてリスクの事実と価値をめぐる状況ごと記述できる営みとなりうるからだ．そして，わたしたちがどのようにそれを見いだし，価値づけるのか，フレーミングと価値判断を支える規範的基礎を共有できるよう，議論の場を開き，論じることそれ自体を支援

24

することができるからだ．そのことについて，具体的な話を交えながら次に考えてみよう．

4　リスクのなかの「いのち」
──再分配の政治を声の記述から始める必要性

　「わたくしごと」化したリスクと，人びとの「いのち」への感度がぶつかるとき，リスク社会の矛盾が露わになり，苦悩と再分配の政治とそれを生み出した社会システムへの抗いが始まる．ここでは「いのち」とは，生まれて成長し，やがて死にゆくことであり，その過程で生きものを生き生きと動かす力である．また，その力ごとみずからの身体と精神を明日へとつなげる再生産の過程であり，未来の生きるものを生み出すことに関与する過程である[6]．生きもの，とここでいうのは，「いのち」という言葉はわたしたち人間ばかりでなく，もちろん動植物にも使われるからである．時には，人間が擬制的にそうみなした事物に用いられる．また，人間がみずからの身体と精神を明日に繋げる上でも，あるいは再生産を通じて次世代をつなげる上でも，人びとは文字どおり他の動植物のいのちの中で，直接的にそれらのいのちを，あるいはそれらが生み出しているものの恩恵と共にある．そのため「いのち」は，自分が生態系の中にあること，他の生きものとつながっていることを含意するし，あるいは，みずからが生きる宗教的世界観の中の大いなる存在（たとえば曼荼羅としての世界と仏）との連関を含意することもある．

　もっとも「いのち」に関する矛盾が顕著になった最近の事例は，福島第一原発事故後の，低線量被ばくリスク問題であろう．2014 年 2 月以降，除染を行い，安心と安全を得るためのリスクコミュニケーションのもとで，帰還と再定住を目指すよう，政治的決定が行われ，政策と制度が整えられた．それにより，戻るも戻らないも「わたくしごと」とされ，人びとは，安心と安全に向かおうとする政治的決定と，自分のリスク管理を支えるいのちへの感度の差にいっそ

　6　「いのち」そのものについては生命学を提唱し，現在まで「いのち」を多方面から研究する森岡正博の定義に（森岡 2001），東日本大震災後の「いのち」の含意については宗教社会学者の堀江宗正の議論に依拠する（堀江 2013）．

第Ⅰ部　災後の環境倫理学

う苦しむことになった．そのことを，語られたリスクの感度に関する経験から
考えてみよう．原発事故後に福島県から埼玉県に一時期子どもと自主避難をし
た後，いったん自宅に戻り，また別の場所に再定住した40代女性のものがた
りである7．

　　　ぜんぶ杞憂でおわればいいし，将来，子どもが何もなかったらそれは本
　　　当に，もうそれでいい．ただ，女の子だし，将来，子ども産んでもいいん
　　　だろうか，だめなんだろうか，と［被ばくのせいで子どもが］悩むようなこ
　　　とはいやだなと思った．パパと離れるのはいやだとか，せっかくいい家と，
　　　庭とか畑とかつくってきたのにな，とか，そういうことをいっぱい考えた
　　　けど．…［中略］…［もともと家族で住んでいたところから離れて住むと決めた
　　　ことが］エゴだったらエゴでいいかって，割り切れるわけでもない．…
　　　［中略］…何でそう決めたの，って言われたら，理由より何より，とにかく
　　　悩んで，いっぱい，いっぱいのこと，お母さん決めたんだって，それだけ
　　　しか伝えられない．

　事故後すぐ，彼女を自主避難へと動かしたのは，低線量被ばくによる生命の
再生産に関するリスクと，それにより子どもの不安を増大させ生を苛ませてし
まう，というリスクである．2012年になって，自主避難の人びとが子どもの
就学，家族の離別の長期化，経済的負担の限界などから住んでいる地域に戻り
始めた．彼女も子どもと共に戻った．すると，さまざまな声が彼女とパートナ
ーを取り囲み始めた．「科学的に」リスクとはいえないのに，過敏に反応しす
ぎではないか．「論理的に」理解すれば選択肢としてまちがっているとわかる
だろう．「心情的に」考えれば，親と子どもの離別をそのままにしないだろう．
そのような周囲からの態度と言葉に苦悩しながら移転を決めた．その前に科学

　7　2016年11月4日のインタビューから．女性は就学前の女児の母であり，パートナーと
　離れて暮らしていたが，2012年にパートナーも居住を移した．早い段階で「避難」では
　なく，「転居」だと考えるようにしたという．プライバシー保護のため，一時間ほどに及
　んだ話をまとめている．また，引用するにあたって，あらかじめご本人に確かめて文章を
　作成しているほか，本人の要望から，どこに移住したかを掲載しないことにした．

的で論理的であろうと「いっぱい，いっぱいのこと」を試みたという．

一つは，できる限り，決定を自分たちの手元に引き寄せたい，と考えたことである．もう一つは，科学者ら専門家や行政が示す情報と正しさの指針のうち，どれを自分たちが信頼し，よりどころにできるかを調べ，判断・決定しようとしたことである．きっかけは，2011 年の 4 月 19 日に文部科学省と厚生労働省が示した「福島県内の学校等の校舎・校庭等の利用判断における暫定的な考え方」だった．安全とは何か，自分で決めたいと考え，英文文献にも挑んだ．しかし壁にぶつかる．ICRP（国際放射線防護委員会）による，「閾値がないことを前提として合理的に達成可能な範囲で対処する原則（As Low as Reasonably Achievable, ALARA 原則）」に関する議論をおいかけると，専門家といわれる人びとの間でも見解や必要のある対策が異なることがわかった．100 mSv 以下，20 mSv 以下，1 mSv 以下，楽観論と慎重論がメディアと情報サイトで入り乱れていた．国や福島県，市が楽観論の上にたって「安心・安全」ということに依拠する校庭の安全基準と対策では安心できなかった．せめて自分で測定しようとしたが，線量計を持って歩くことも，おおっぴらにできない雰囲気があった．「鞄に隠そうか，それで正しく計測できるのか，と考えて悩んでみて，なんで後ろめたく感じて，なんでこうやって悩んでないといけないんだろう」と考えた．

この彼女の経験には，現代的リスクは通常の日常的な人間の感覚では知覚できないという特徴が絡んでいる．リスク社会論ではこの特徴を「非知」と呼ぶ．「非知」であるリスクは，化学・原子記号，計算式や数値を通してはじめて認識できるようになるため，そもそもリスクであるかどうかの見極めも科学的知見と記述できる専門家に依存する（ベック 1986＝1998: 35）．だがその科学をもってしても因果関係の解明や長期的な影響の評価も難しい．その結果，法律，経済も含めたさまざまな専門家，市民に開きながら，安全とのあいだに境界を引いて，リスクをリスクとして判断する公共的な意志決定の場と過程が必要となる．ゆえに，真理性は，もはや科学によって独占できず，ゆえに科学的合理性と社会的合理性8，異なり対立する二つの合理性のせめぎ合いのなかで見いだ

8　科学的合理性は科学者集団の中での妥当性を担保する合理性，社会的合理性は，社会の意志決定の中でこの判断基準が妥当であることを担保する合理性のことである．

第Ⅰ部　災後の環境倫理学

されるべきものとなる.

　もっとも，次に彼女がぶつかったのは，その社会的合理性をみずから獲得しようとして，獲得できない苦しさである.どういうことかというと，彼女が知識を求め，少なくとも複数の人びとの間で，リスクの意味づけやリアリティを共有しようと，調べたり議論を続けようとしたりすることが，復興と平穏の日常を（システムの中で）取り戻し安定させたい，という地域社会の他者のニーズを阻害することになった.リスクとしての認知の段階から，人びとの生の多様さやライフステージによって，リスクは個別具体的で差異あるものである.わたしたちのリスクの知覚・認識自体も社会的行為の中でなされ，その規準やリスクに対する価値判断が作られる[9]ため，人びとの置かれている状況や立場により，リスクへの価値判断も優先順位も異なる.よって，彼女自身がみずからの「いのち」への感度からおこそうとした行為が，他者にとっては平穏な生活の再生を妨げる別のリスクにもなりうる.彼女がぶつかったのはまさにこの対立であり，結果，自分が踏ん張ろうとすることで，かえって周りにも悪い雰囲気を，子どもにも良くない育児環境を招いてしまう気がしたという.それを繰り返すうちに，自分が一体「子どものいのちと何を比べているのかわからなくなってしまった」.

　これまで1.3で確認してきたように，リスクは「わたくしごと」化しているにも関わらず，個人の力により，根本的なリスク回避・逓減の努力は難しいものである.しかも彼女がぶつかったリスクは，事故前は不可視の構造の中におかれていた.「非知」の性質ゆえ，日頃から専門家の「安心・安全」言説に依存せざるを得なかったこと，政治的に原発立地・運用時の経済的補償スキームの対象外の地域だったこと，原発反対運動経験者や原発関連の仕事の従事者が

9　実はこの点は，ベックのリスク社会論ではあまり記述されておらず，批判されるところでもある（Alexander and Smith 1996）し，社会的行為とリスクの接合から議論を始めるルーマンと比較されるところでもある（小松 2003）.ベックのリスク描写は，ある科学技術，物質，出来事がもちあわせている，損害を与えるような属性として把握できる客観的リスクに主眼がおかれている.そのため，ベックの社会的リスク論におけるリスクは，事実としてのリスク描写に偏り，事実認識や価値判断のあいだの時間的・認識的ずれを考慮せずに，正しく計算や情報分析をすれば明確に測り，人びとにも知覚され，マネジメントできるもの，と理解される傾向を強めたという批判である.

28

第1章　リスク社会における環境倫理学

周囲にいたことからリスクの話は平穏のために日常の中ではしなかったことが，日常の中でリスクを不可視化させてきた．リスクの回避と逓減を考えるために，リスクについてよく知ろうとしても，こと原発について，1986年以降，リスクコミュニケーションは「安心・安全」を与えるための道具として設計されている（丸山 2013; 島薗 2013）．科学の真理性すら政治化している中では，科学的合理性のみならず，社会的合理性にきちんとよってたち，価値判断の基準を公共的に決定していくことが必要となる．だが，就労や生活史から生まれる立場の違いは，それぞれのリスク認知の違いと「わたくしごと」化を生む．ゆえに，同じ場所に暮らし，リスクを問題関心とするはずの人びとと公共的な意志決定の場を設け，システムと状況を変えようと働きかけるための連帯が難しくなっていた．さらに，国・行政側からの「安心・安全」な復興コミュニティ政策スキームが，平穏な生活の再生という具体的な選択肢を示したため，リスクの矛盾を追及する行為がその選択肢と争うものとなってしまった．「いのち」への感度を保とうとすると，結果的に生きにくさが生じ，それどころか「いのち」そのものも守れない，という矛盾がそこにはあった．そして，彼女たちは，「いのち」への感度のために，最も合理的な選択肢として「退出」を選ばざるを得なかった．エゴとして自己責任を感じながらである．

　このようなリスクへの苦悩とその自己責任化は原発事故後，広域に存在する自主避難者にみられる（関・廣本編 2014; 原口 2015; 成編 2015）．また，強制避難の後に帰還が始まった区域では，リスクが現実化し，多層的な被害が個々人の社会経済的要因や心理的要因に応じて多様に現れる．帰還するかどうかも含め，個々のいのちの様相，すなわちいのちを支える意味と価値の世界が描写されなければ，これらの被害がどのように連関しながら全体として人びとにのしかかっているのかを捉えることはできない．しかし実際には，復興を目的化した政治的決定が急速に進み，生活空間の再編が，一方向からの在るべき姿としてのコミュニティ像と共に行われてきた（山下ら 2013; 佐藤 2013）．「わたくしごと」化したリスクは語りにくくなり，システム全体を批判し，足下から変えようとするための人びとの連帯もしにくい状況にある．

　リスクの再分配の政治において，何が民主的で，どのような社会的合理性が科学的合理性と共にあるべきなのか．価値判断の基準を公共的に開くとは，何

第 I 部　災後の環境倫理学

を意味するのか．その際に，誰の，どのような不正義を是正すべきものとして
想定するのか．この答えを考えるためには，いのちへの感度が「わたくしご
と」化したリスクとぶつかる個々人の現場から，リスクの内実を記述する必要
がある[10]．人びとのものがたりの中から，リスクをめぐる事実と価値の諸相を
描き出すことは，前述したシュレーダー＝フレチェットも指摘するように，不
確実性のもとで安全を選択しようとする人びとの間の社会的合理性の所在を描
写することである[11]．同時に，ものがたりが示すように，「わたくしごと」化が
どのようなリスク社会の空間再編成のもとでおこり，どのような構造の中に状
況づけられているのかは生の現場から矛盾としてよく描写できる．すなわち，
システム全体を作り直すためには，根本的なリスク生成の機械的運動を止める
ためには，何が必要なのかをそこから分析し始めるためのよすがとなる．

　よって，リスク社会の中の環境倫理学に求められているのは，まず，人びと
のあいだで顕在化した，あるいは潜在しているリスクの内実を，人びとの状況
化された生と共に描写することである．そして，リスクの構造化されているさ
ま，「わたくしごと」化を招いた社会システムの様相，事実と価値について明
らかにすることが重要であろう．同時に，いのちへの感度がぶつかったリスク
の矛盾を，「わたくしごと」から人びとの間で共有できる，リスクの認知から
管理を支える社会的合理性を見いだす必要がある．それらを多様な規範概念と
の関わりも含めて見取り図を作ったり，整理したりしながら，議論のプラット
フォームを作り，規範的基礎を生み出す営みを作っていくことが，応用倫理学
として求められていることだろう．

　それによってはじめて，わたしたちはシュレーダー＝フレチェットが指摘し
た，還元主義的に二極化された，「素朴な実証主義」と「文化相対主義」のど
ちらでもない地平を築けよう．実践としては，ホットスポットとなった柏市に
おいて，農業生産者と消費者のあいだをつなぎ，ALARA 原則を「地産地消」

10　社会学者の「構造災」（松本 2012）に関する研究を参照．
11　シュレーダー＝フレチェットは，ジョン・ロールズによるマキシミン・ルール（最悪の
　　事態を避けるための最善の策を模索すること）と関連づけながら，専門家に対する素人の
　　合理性を見いだして鍛錬する重要性を指摘する（シュレーダー＝フレチェット 1991＝
　　2007）．

を軸に実現しようとする市民活動が参考になろう．リスクに関する情報への信頼性や価値判断は，経路依存性が高い．仕掛けを作った社会学者の五十嵐泰正は，生産から数値計測，販売までを共に知る活動を重ね，認知と価値判断の経験を共有していくことで，「地産地消」であることを軸として信頼性や価値判断の共通基盤を生み出す実践を展開している（五十嵐 2012）．

　新しい環境倫理学を，記述から始めよう．「わたくしごと」化されたリスクといのちへの感度の矛盾にある人びとのそばで，記述から思想を生み出す手はずを整えよう．それが現代の環境倫理学に求められている役割ではないだろうか．

参考文献

Alexander. J. C. and P. Smith.（1996）" Social Science and Salvation: Risk Society as Mythical Discourse," *Zeitschrift für Soziologie*, 25（4）: 251-62.

Beck, U.,（2007=2009），*World at Risk*, Cambridge: Polity Press.

Douglas M. and A. Wildavsky,（1983）*Risk and Culture: An Essay on the Selection of Technological and Environmental Dangers*, Berkeley: University of California Press.

Erikson E. H.（1950）*Childhood and Society*, New York: Norton.

O'Riordan, T. and J. Cameron（1994）*Interpreting the Precautionary Principle*, Oxon: Earthscan.

Rawlinson, M.（2016）*Just Life: Bioethics and the Future of Sexual Difference*, New York: Columbia University Press.

Saskia S.（2014）*Expulsions: Brutality and Complexity in the Global Economy*, Oxford: Harvard University Press.（＝2017，伊藤茂訳『グローバル資本主義と〈放逐〉の論理──不可視化されゆく人々と空間』明石書店.）

五十嵐泰正（2012）「安全・安心の柏産柏消」円卓会議編『みんなで決めた「安心」のかたち：ポスト3.11の「地産地消」をさがした柏の一年』亜紀書房.

鬼頭秀一（2015）「科学技術の不確実性とその倫理・社会問題」山脇直司編『科学・技術と社会倫理：その統合的思想を探る』東京大学出版会.

小松丈晃（2003）『リスク論のルーマン』勁草書房.

佐藤彰彦（2013）「原発事故者を取り巻く問題」『社会学評論』64（3）：439-459頁.

島薗進（2013）『つくられた放射線「安全」論』河出書房新社.

シュレーダー゠フレチェット，K. S.，松田毅監訳（1991＝2007）『環境リスクと合理的意思決定：市民参加の哲学』昭和堂.

関礼子・廣本由香編（2014）『鳥栖のつむぎ：もうひとつの震災ユートピア』新泉社.

関礼子編（2015）『"生きる"時間のパラダイム：被災現地から描く原発事故後の世界』日本評論社.

第Ⅰ部　災後の環境倫理学

成元哲編（2015）『終わらない被災の時間：原発事故が福島県中通りの親子に与える影響（ストレス）』石風社.

原口弥生（2015）「分散避難・母子避難と家族」関西大学災害復興制度研究所ほか編『原発避難白書』人文書院.

平川秀幸（2002）「リスクの政治学：遺伝子組換え作物論争のフレーミング分析」小林傳司編『公共のための科学技術』玉川大学出版部.

ベック，U.，東廉，伊藤美登里訳（1986＝1998）『危険社会：新しい近代への道』法政大学出版局.

堀江宗正（2013）「脱／反原発運動のスピリチュアリティ：アンケートとインタビューから浮かび上がる生命主義」『現代宗教2013』：78-112頁.

丸山徳次（2013）「「信頼」への問いの方向」『倫理学研究』43：24-33頁.

松本三和夫（2012）『構造災：科学技術社会に潜む危機』岩波新書.

美馬達哉，（2012）『リスク化される身体　現代医学と統治のテクノロジー』青土社.

山下祐介ら（2013）『人間なき復興：原発避難と国民の「不理解」をめぐって』明石書店.

ラベッツ，J.，御代川貴久夫訳（2006＝2010）『ラベッツ博士の科学論：科学神話の周縁とポスト・ノーマル・サイエンス』こぶし書房.

ルーマン，N.，小松丈晃訳（1991＝2004）『リスクの社会学』新泉社.

第 2 章　福島第一原発事故に対する欧米の
　　　　環境倫理学者の応答

吉　永　明　弘

1　はじめに

　本章では，2011 年 3 月 11 日の東日本大震災に伴って発生した「福島第一原発事故」に対する，欧米の哲学者・倫理学者のコメントを紹介する．原子力発電についてはこれまでもその賛否をめぐって論議が続けられてきたが，この事故を受けて，日本だけでなく世界中であらためてその存続の是非が問われるようになった．

　とりわけ素早い応答を行ったのが，国際反核法律家協会会長のウィーラマントリーで，彼は 2011 年 3 月 14 日には，世界各国の環境担当相への公開書簡という形で「日本の原子炉の破局」という見解を発表した．彼はまた「原発の存続・拡散は将来世代への犯罪」と題する書簡を書いているが，そこには原発問題がいわゆる「世代間倫理」の問題でもあることがあらためて示されている（ウィーラマントリー 2011）．

　海外の環境倫理学の反応としては，*Ethics, Policy and Environment* が，福島第一原発事故に関する論文を募って特集を組んでいる．他の雑誌と比較して，この雑誌の反応は際立ったものだが，それはこの雑誌の性格に由来している．まずはこの雑誌の背景を紹介したい．

　環境倫理学の雑誌というと *Environmental Ethics* や *Environmental Values* が有名であり，自然の価値やディープ・エコロジーなどについての論文が多数掲載されてきたが，*Ethics, Policy and Environment* は，それらとは異なる特徴をもった雑誌である．この雑誌は「環境プラグマティズム」の提唱者アンドリュー・ライトの考え方に従ってつくられ，現在の米国の環境倫理学の流れの一つ

第 I 部　災後の環境倫理学

を代表している.

　「環境プラグマティズム」とは, 1990 年代にアメリカに登場した, 環境倫理学の自己批判を中心とする一連の主張を指す. ライトは, 従来の「非人間中心主義」の主張を一元的に適用しようとするタイプの環境倫理学が, 他の学問分野にも, 対社会的にも閉ざされていることを批判した. そして彼は, ①他の環境分野との協働を積極的に行うこと, ②環境問題 (例えば気候変動問題) の具体的な解決を射程に入れて, 環境政策に影響を与えるような研究を行うこと, ③公衆に環境保全の動機づけを与えることを, 環境倫理学者に求めた (Light 2002).

　またライトは, 市民が環境問題に取り組む動機をもつには, これまで見逃されてきた都市環境に注目するのが望ましいと考えている. 環境倫理学者は原生自然的な (wild) 環境や, 農村的な (rural) 環境を念頭においてきたが, 今後は都市的な (urban) 環境も射程に入れるべきであると彼は言う (Light 2001)[1].

　彼はこのような発想を 1990 年代から抱いており, 環境倫理学の改革プログラムを着々と進めていたようだ. 1994 年に, ライトは地理学者ジョナサン・スミス (Jonathan Smith) とともに, 「哲学・地理学会」(Society for Philosophy and Geography) を設立した. この学会は, 哲学者と地理学者が相互に関心のある話題に関して, 意見交換をする目的で設立された. 創設時の会員は約 150 名で, そこには, 社会学者, 人類学者, 政治学者や, 公共政策, 都市計画・地域計画の人々, 建築家, 英文学者, 比較文学者なども含まれていた (Light & Smith 1997: 1-2). その後, 1997 年に, 学会での研究成果の普及を目的として, ライトとスミスを共同編集者とする雑誌 *Philosophy and Geography* が刊行された. 編集委員には, 環境倫理学者のベアード・キャリコット, ブライアン・ノートン, 地理学者のオギュスタン・ベルク, デニス・コスグローブ, デヴィッド・ハーヴェイ, 環境政治学者アヴナー・デシャリット, 技術哲学者アンドリュー・フィーンバーグといった著名な人物が名を連ねている (Light & Smith 1997: 5). この雑誌は 2004 年 (vol. 7) まで刊行されたが, 2005 年に地理学者による雑誌と合併し, *Ethics, Place and Environment: A journal of philosophy and geography* という名前で 2010 年まで刊行された (vol. 8 から vol. 13 まで).

　1　ライトの考え方については (吉永 2008) で詳しく紹介した.

34

そして，この雑誌の後継となったのが，現在まで続く *Ethics, Policy and Environment* なのである．2011 年（vol. 14）に編者がスミスからベンジャミン・ヘイル（Benjamin Hale）に変わり，雑誌名も変わって再スタートをきった．Place が Policy に代わっているのを見て，気まぐれな方針転換がなされたと思ってしまう人もいるかもしれないが，もともとのライトの主張を考えれば，それほど奇異なことではない．例えば，*Ethics, Place and Environment*（Vol. 13, No. 3）では，地域環境をめぐる紛争の現場においてよく話題になる NIMBY という批判について，倫理学の立場から本格的な検討がなされている[2]．このような，現実の環境問題や環境紛争に対して倫理学的に応答し，概念分析するという姿勢が，*Ethics, Policy and Environment* に引き継がれ，福島第一原発事故が発生した後には，すぐさま特集を組むことになったのである．形式面では，あるテーマについての意見論文（Target Article）が発表され，それに対するコメントが一緒に掲載されるという形式が引き継がれているが，福島第一原発事故に関しては，編者のベンジャミン・ヘイルが，事故に対するコメントを世界中の哲学者・倫理学者に求めたという点が特徴的である．

2　ベンジャミン・ヘイルの呼びかけ

ヘイルは巻頭論文（Hale 2011）の中で，この事故が原子力発電の将来に多くの疑問を提起したことを指摘する．彼によれば，近年では環境運動家の中でさえも，化石燃料が生み出す炭素による気候変動を防ぐために，エネルギー源としての原子力発電を「歯を食いしばって耐え」（bite the bullet）ながら受け入れなければならない，と認識されていた．また，2009 年までにアメリカの公衆 59% が原子力発電に賛成するようになった．そのような中で福島第一原発事故が世論に与えた影響は甚大であった，とヘイルはいう．

またヘイルによれば，原子力災害は，社会学者のチャールズ・ペローのいう「ノーマル・アクシデント」（通常の稼働のなかで事故が起こることが予測されており，その予測通りに起こる事故のこと）や，ウルリヒ・ベックのいう「リスク

　2　この NIMBY に関する特集については（吉永 2015）で詳しく紹介した．

第Ⅰ部　災後の環境倫理学

社会」の問題，そしてリスクや負担の受け入れに関する「正義」の問題を提起している．このような科学技術倫理学的・環境倫理学的な問題を指摘したうえで，ヘイルは環境倫理学者や政治理論家に対して，原子力発電の現状と将来に関するコメントを求めた．

　この呼びかけに応じた欧米の哲学者・倫理学者からの原稿が 13 本，雑誌に掲載された．その中で最も有名な人物が，シュレーダー゠フレチェットである．彼女は日本では，『環境の倫理（上・下）』（原著 1981 年，邦訳 1993 年）の編者として知られている．その中に彼女の「世代間の公平性」と「宇宙船倫理」に関する論考も掲載され，特に前者について，加藤尚武が環境倫理学の入門書（加藤 1991）の中で引用したことから，世代間倫理の研究者と思われがちだが，彼女の真骨頂はリスク論に関する科学技術論的研究にある[3]．さらに彼女には，「環境正義」に関する有名な著作がある（Shrader-Frechette 2002, 未邦訳）．それらに重なる形で，彼女は長年にわたり原子力発電について研究しており，複数の著書があるほか，時事的な論文も多数書いている[4]．このような背景をもつシュレーダー゠フレチェットが，2011 年 3 月の福島第一原発事故に対するコメントを出すのは当然のことだろう．

　以下では，13 本のコメントの中から 5 本を取り上げ，その内容を要約して論評を加える．それらはみな，環境問題がもつ倫理学的な側面を摘出し，倫理的な考察の必要性を社会に向けて発信しようとするものである．これらの中に，21 世紀における環境倫理学のテーマを垣間見ることができるだろう．

3　原発事故は想定外の出来事なのか
──「ブラックスワン」という言説

　シュレーダー゠フレチェットのコメント（Shrader-Frechette 2011）は，「ブラックスワン」という言説の分析である．「ブラックスワン」とは，極めてま

3　その代表的な著作は『環境リスクと合理的意思決定──市民参加の哲学』（原著 1991 年，邦訳 2007 年）である．

4　原子力発電をテーマにした近年の彼女の諸論文を要約したものとして，以下を参照（吉永 2011）．

36

れな出来事，予測不可能な出来事を指す．原発の支持者たちは原発事故を「ブラックスワン・イベント」と称するが，それは間違いである，というのが彼女のコメントの要点である．

彼女によれば，20年間，合衆国政府は「原子力エネルギーは安全だ」と繰り返し主張し，その傍らで，高い原子力事故の確率を示す報告や，ペンシルバニア州と同じ大きさの地域を破壊し15万人の命を奪うと警告した報告を隠してきた．連邦議会の公聴会や政府監視機関の報告書が示すには，原子力産業や政府が，原子炉事故の確率を低く見積もり，安全性のデータを棚上げし，記録を粉飾し，科学的情報に圧力を加え，十分な検査に失敗してきた．このような政府と原子力産業による隠ぺいは，おそらく原子力産業と軍事が結託しているため，世界中で起こるだろう，と彼女は言う．東京電力も，3.11の2週間前に，福島第一の六つの原子炉を冷却するために必要な部品の検査に失敗したことを認めていた．政府の規制省庁は，東京電力に対し，検査の質が不十分であることや，データの操作，偏った安全性の記録，隠ぺいの歴史があることについて警告を行っていた．またGEの技術者たちは，福島第一の原子炉が「時代遅れ」であり，爆発，事故，放射能漏れが起こりやすいことを警告していた．このような警告が行われていたということは，「ブラックスワン」の主張が間違いであることを示唆している．すなわち炉心溶融（メルトダウン）は起こりうる（probable）ことだった，と彼女は喝破する．

彼女によれば，原発の支持者たちがいう炉心溶融の「確率」の説明には三つの方法論的・認識論的な誤りがあるという．一つ目は，データの改ざん（data-trimming）である．原子力発電の支持者たちによる事故の確率についての説明は事実に基づいておらず，「ブラックスワン」の主張は原子力発電の支持者にとって都合がよい「言説」として使われていると彼女は言う．二つ目は，確率の測定における主観性と客観性の問題である．ここで彼女は，原子力発電に関する費用と炭素排出の算定において，事実に反する想定がなされていたり，サイクル全体からの算出や，他の発電方法との比較を怠っていたりすることを批判する[5]．三つ目は，「ブラックスワン」の主張に関する非整合性である．そも

5　ここでの内容は，彼女の近年の諸論文の中に何度か登場する．そこではこの問題こそが「データの改ざん」の問題として議論されている（吉永 2011 を参照）．

第Ⅰ部　災後の環境倫理学

そも原子力が安価といわれるのは国からの補助金がつぎ込まれているからであり，さらには大事故の際の損害賠償費用を国が肩代わりするしくみもある[6]．そこから，あらかじめ事故が起こったときのことを想定しているのに，事故はほとんど起こりえないと主張するのは整合的ではないという．

　このように彼女のコメントには，密度の濃い内容が盛り込まれている．また彼女はこれらと同様の内容を3.11の前から指摘していたという点が重要である．逆に言えば，彼女は福島第一原発事故を受けて何か特別に新しいことを言う必要がなかったともいえる．原子力発電の支持者の主張が，さまざまなレベルで整合的でないのに対して，彼女は長い間，冷静さと一貫性をもって原子力発電をめぐる問題点を分析してきたのである．このような態度は，いわゆる「感情的な議論」とは正反対のものである．彼女の議論は，原子力発電に関心のある多くの人が傾聴すべきものといえるだろう．

4　なぜ分かっているのに失敗するのか
——「ブラックエレファント」の陥穽

　Niklas Möller & Per Wikman-Svahn のコメント（Möller & Wikman-Svahn 2011）の一つの柱は，Gupta による「ブラックエレファント」概念の導入と分析にある．それは，英語の慣用句「部屋の中の象」（elephant in the room）のように，見えているけれども無視されるものを指す．彼らはそれを，1）大きな影響力をもつ事象であり，2）通常の予想の範囲を超えており，3）既存の証拠があるにもかかわらず無視された事象，と定義する[7]．言い換えれば，ブラックエレファントの特徴は，分かっているのに適切な対応に失敗するという点にある．

　彼らによれば，ブラックエレファントの原因の一つは，リスクの生産者たちが，その費用や健康被害の全部を被らなくてもよいという状況が生み出すモラ

　6　具体的な米国の法律として，企業の賠償額の上限を定めた「プライス・アンダーソン法」が挙げられている．

　7　これは，Taleb による「ブラックスワン」の定義，すなわち1）大きな影響力をもつ事象であり，2）通常の予想の範囲を超えており，3）後になってはじめて予測できる事象，になぞらえたものである．

ルハザードにある．このモラルハザードを減らすには，より厳格で直接的な説明責任・会計責任が必要となる．もう一つの原因は，組織的要因に関するものである．例えば，最もすぐれたリスク評価者の多くがエネルギー産業によって雇用され，そこに依存している．また，規制官庁とエネルギー施設との関係が密接すぎる．そこから，ブラックエレファントを減らすには，責任と最大限の正直さを備えた明確な部門が必要となる，と彼らは言う．

　また，リスクの受容に関しては，公衆の関与（involvement）が重要になる．公衆による活発な開かれた議論は，ブラックエレファントから身を守るものであり，それを抑圧することは長期にわたる深刻な悪影響をもたらすだろう，と彼らは言う．とはいえ，情報が開示され，開かれた熟議的な議論があったとしても，ブラックエレファントの影響は残る．我々は抽象的で馴染みのないリスクについては「割り引いて感じる」（emotional discount）ものであり，そのようなリスクは知っていても無視する傾向が強いからである．このように，ブラックエレファントを全て排除することは難しく，それができたとしても，ブラックスワンが依然として残る．そこから彼らは，破局的な結果にならないように，ブラックスワンを制御する技術的なシステムを構築することへと向かっていく．

　ブラックスワンを制御するためには，不確実性を減らすことが必要になる．彼らはここで安全工学の二つの原則を提示する．第一の原則は「内在的な安全性設計」であり，失敗を防ぐために潜在的なハザードを取り除くというものである．第二の原則は「セーフフェイル」[8] であり，システムが失敗しても危害を引き起こさないようにすることである．この二つの原則は，全体的に（holistic）適用されなければならない．原子力発電に関していえば，より内在的に安全なエネルギー源があるならば，それを求めるべきである．また，その適用は繰り返し行われなければならない．原子力発電を行うとしても，地震地帯への原子炉建設は避けなければならない．地震地帯への原子炉建設が決まったとしても，冷却装置損傷事故を避けるために，ディーゼル発電機を作動させることに頼り切ってはいけない．このように，二つの原則を全体的に適用することに

8　日本の技術者倫理の文献では「フェイル・セーフ」という言葉で紹介されている（藤本ほか 2013: 6-7）．

第I部　災後の環境倫理学

よって不確実性を減らすことで，ブラックスワンが破局に至らないようになるだろう，と彼らは言う．

ここで論じられている「ブラックエレファント」の問題は，日本の原子力発電の今後を考えていくうえで，きわめて重要な論点である．福島第一原発事故が人々にもたらした衝撃は，原発のリスクについて「既存の証拠があるにもかかわらず無視されてきた」ことに対する衝撃でもあったと思われるからである．注意すべきは，シュレーダー＝フレチェットが，「ブラックスワン」を原子力発電支持者の言説の問題と捉えているのに対して，Möller & Wikman-Svahn は「ブラックスワン」を事実問題として捉えている点である．そこから彼らは村上陽一郎のいう「安全学」的なテーマ（村上 1998）に移るのだが，これもまた必要な議論であろう．

5　「社会実験」としての原発

Ibo van de Poel のコメント（van de Poel 2011）では，まず，原子力技術は実験的な性質をもつため，実際に社会で稼働する前にリスクを予測することはほぼ不可能だ，という主張がなされる．次に，どのような条件のもとでなら，原子力エネルギーの社会実験は受容可能になるのか，が検討される．

van de Poel は，原子力エネルギー技術の利用は一種の「社会実験」であると主張する．社会実験が標準的な実験と異なる点は，1）多くの人々が巻き込まれる，2）データ収集とモニタリングが時々できなくなる，3）実験状況を制御したり，ハザードを封じ込めたりすることが難しい，という点にある．また社会実験は終わらせることが難しく，取り返しのつかない結果をもたらすこともある．

社会実験のこれらの特徴は，深刻な倫理的・社会的問題をもたらすものである．そのため，社会実験としての技術にインフォームド・コンセント（以下IC）を適用しようという研究が存在する．ただし，未知のハザードに対する同意を人々に求めることは意味があるかという疑問がある．それは，実験から生じる全てのハザードを受容することを意味しているように思われる．そのような実験の条件を人々がいかにして合理的に受容できるかを理解するのは難しい．

しかし，IC を行わないならば，無知を含むいかなる社会実験も受容できないだろう．この問題に対して，van de Poel は次のように答えている．IC を直接的に適応する代わりに，その基盤にある道徳的考慮（道徳的自律や人格の尊重）に焦点を当てるのがよいかもしれない．また，公衆の道徳的自律が保障される条件を探求するほうがよいかもしれない．加えて，受容可能な実験の条件として，標準的な実験における倫理的要求（善行，正義）を考慮するべきであろうと．

　以上の議論をふまえて，彼は，"原子力エネルギー技術は受容可能か"という議論から，"原子力エネルギー技術の実験が受容可能になる条件は何か"という議論へと見方を移すことを主張する．彼は，原子力エネルギー技術の実験は内在的に受容不可能であるという立場はとらない．他の代替エネルギー源の実験よりも，原子力エネルギー技術の実験は受容可能の度合いが低いが，原則的には，原子力エネルギー技術の実験は受容可能であると想定している．そして彼は原子力エネルギー技術の実験が受容可能になる条件として 13 の項目を挙げている．それらを大づかみに言い直すと，実験方法が適切であること，意思決定や立法が民主的に行われることと，人間の幸福に寄与する実験であること，分配的正義が考慮されること，となる．このように，責任ある実験のための条件に焦点を当てることで，原子力エネルギーに対する絶対的受容や絶対的拒否という議論を離れることができる，と彼は言う．

　この van de Poel のコメントは，原子力技術に対する全面的な反対論に進みそうなのに，途中で「中立的」な方向に落とし込まれていく印象があり，この点には賛否両論がありそうだ．また，"原子力技術が社会実験である"ということは，"原子力発電は社会的な核実験である"という論点につながりうると考える[9]．

　9　これは「言葉遊び」や「乱暴な」議論として受け取られるかもしれない．そこで，すでに何人かの論者が以下のように主張していることを注記しておきたい．「正しくは中国のように核発電などと呼ぶべきであるが，日本では慣例的に原子力発電と呼ばれている」（吉岡 2011: 4）．原子力発電と原子爆弾はどちらも「核分裂連鎖反応」をもとにしている（山田 2004: 8）．爆発を起こすのは核なので，「原子爆弾」ではなく「核爆弾」と称されるべきである（山田 2004: 64）．

第 I 部　災後の環境倫理学

6　核廃棄物処理施設の立地をめぐる〈世代間正義〉と〈世代内正義〉の対立

　Behnam Taebi は，ヨーロッパで核廃棄物処理施設の立地をめぐって，〈世代間正義〉と〈世代内正義〉とが対立することを指摘している（Taebi 2012）.

　Taebi によれば，現在，「広域の多国間の処理・貯蔵施設」をつくる可能性を緊急に考える必要性がある，ということが国際的コンセンサスになっているという．広域の施設をつくり，そこで多くの国からの核廃棄物を処理・貯蔵することは，地層処分に十分な自然条件のない国にとって利益になると思われるが，その主な動機は「不拡散の保証」にあるという[10].　また広域の処理・貯蔵は，保有する原子炉の数が少ない国に，かなりの経済面・安全面での利益となる．実際に，原発利用国の 3 分の 1（29 か国のうち 10 か国）は，2 基しか原子炉をもっていない[11].

　Taebi は，このような多国間処理施設をめぐって，〈世代間正義〉と〈世代内正義〉が衝突することを指摘する．というのも，将来世代に対する正義の観点からは，多国間処理施設は好ましいが，同世代の人々に対する正義の観点からは，好ましくないからである．

　現在，核廃棄物処理には，地表での貯蔵と，深地層処分という二つの実現可能な戦略がある．このうち，地表での貯蔵は，最終処分の前の一時的な処分と見なされている．他方で，深地層処分は，長期の安全性を保証するものとされている．それは自然の障壁としての地層と技術的な障壁としての金属容器があ

10　この指摘は IAEA 事務総長に対する専門家グループによる 2005 年の報告書 *Multilateral approaches to the nuclear fuel cycle* によるものである.

11　原発を利用している国のうち，原子炉を 3 基以上持っている国は，以下の 19 か国（＋1 地域）である．アメリカ，フランス，日本，ロシア，ドイツ，韓国，ウクライナ，カナダ，イギリス，中国，スウェーデン，スペイン，ベルギー，インド，チェコ，スイス，フィンランド，スロバキア，ハンガリー，（台湾）．原子炉が 2 基以下の国は，以下の 10 か国．ブルガリア，ブラジル，南アフリカ共和国，メキシコ，ルーマニア，アルゼンチン，スロベニア，オランダ，パキスタン，アルメニア．（なお保有数が不明な国としてクロアチアがある）．以下を参照（http://www.inaco.co.jp/isaac/shiryo/world_data/nuclear_power.html）.

42

るからである．しかし，長期の廃棄物の隔離は，大きな不確実性を生み出すことになる．Taebi はこの点をとらえて，深地層処分の道徳的正当性に疑問を呈する．すなわち，深地層処分には，金属容器の状態と，周囲の環境の水文学的・化学的・物理的な属性とによる不確実性がある．また，地層の自然条件が，放射能漏れが起きたときに放射線が生物圏に達するまでの速さを決定することから，長期の防御をもっとも保証する地層を選ばなければならない．そこから，良質の地層を確実に得るためには，多国間処理・貯蔵がふさわしいということになる．

　また，Taebi によれば，多国間アプローチは，放射能漏れだけでなく，人間の介入による将来世代へのリスクも減らせるという．つまり，世代間正義の観点から多国間の貯蔵施設を支持する理由は，将来にリスクをもたらす施設の数を減らせるという事実にある．また，人間の介入によって貯蔵施設の立地についての知識を失うかもしれない，というリスクも減らすことができる．

　以上から，15 のヨーロッパの核エネルギー生産国が，15 か所に分けて処分するよりも，5 か所にまとめたほうが，将来世代にとってはより良いということになる．このように，総じて，世代間正義の観点からは，多国間アプローチが好ましいものとなる．

　しかし Taebi によれば，それはある国が他の国の廃棄物を受け入れた場合にのみ成功するので，世代内の不正義が生じる可能性がある．ホスト国が，他国の廃棄物を進んで受け入れるということは，道徳基準の必要条件だが十分条件ではない．彼はその理由を二つ挙げている．第一に，ホスト国の同意は，経済的立場の不均衡から生まれる．すなわちそれは，あまり豊かでない国を，経済的な動機で動かしやすくする．第二に，現在の世代内の，特に国際的な不正義を，遠い将来にまで延長することになる．また，核エネルギー生産国以外の国に，核廃棄物を輸出することの問題もある．このように，多国間の貯蔵施設は，現在世代内の不正義という問題をもたらすことになる．

　ここには，ヨーロッパの核廃棄物処分をめぐる〈世代間正義〉と〈世代内正義〉との対立の構図がある．これと同じような構図が，3.11 の後に発生した震災がれきの処理をめぐる，広域処理を唱える人々と，被災地のみでの処理を訴える人々との間の論争・紛争に見られた．広域処理については，放射性物質

第Ⅰ部　災後の環境倫理学

のリスク評価（安全性）や，広域処理の必要性の評価（現地処理の可能性の評価），またその経済性についての評価が争点となっているが，それに加えて，〈世代間正義〉と〈世代内正義〉のジレンマをこの問題に見ることもできる．すなわち，世代間正義の観点からは，"放射線被曝の可能性のある核廃棄物を拡散させることは，広範囲の将来世代にリスクを負わせることになるので，被災地にまとめて処理すべきである"という意見が出されうる．他方で世代内正義の観点からは，"被災地に放射線リスクが集中しているのは不平等なので，他の地域も「痛みを分け合う」べきである"という意見が出されうる．

　このように整理したとしても，核廃棄物処理の〈世代間正義〉と〈世代内正義〉のジレンマを解決するのは依然として困難である．しかし，だからこそ，そのような問題状況を生み出すことが想定されるような場合には，あらかじめそれを回避するような意思決定を行うべきである．例えば，解決困難な〈世代間正義〉と〈世代内正義〉の対立状況を生み出すような放射性廃棄物を生み出すような行為は禁止すべきである，という判断がここから出てくるだろう．

7　「気候ファースト」による原子力推進政策の倫理的・政治的問題点

　Sean Parson のコメント（Parson 2012）は，George Monbiot が，3.11 後に原発支持を決意したというセンセーショナルな書き出しで始まる．より有名な科学者ジェームズ・ラブロック，ジェームズ・ハンセンも，同様に原発支持となった．なぜなら彼らは気候変動を止めることが最優先課題とする立場をとっているからである．彼らによれば原発は CO_2 排出の低いエネルギー源であり，また太陽光・風力と違って，政府の十分な支援のある安定したエネルギー源である．したがって，現在の消費レベルを維持するために必要なものとされる．

　Parson は，Monbiot らの立場を「気候ファースト」と呼ぶ．Monbiot は，気候変動の社会的・政治的条件を無視して，危機は科学者・規制官庁を通じて解決できると考えている．確かに科学的解決は重要だが，文化的・政治的・経済的変革を目指す努力が伴わないといけない．しかし Monbiot は，便宜（expediency）の名のもとに，政治・倫理の議論を無視している，と Parson は言う．

Monbiot によれば，公衆はエネルギー消費をラディカルに抑制することは望んでおらず，また，インド，中国の消費レベルが上昇している．したがって，エネルギー需要の増加に合わせて，国は石炭火力か原子力かを開発する必要がある，ということになる．Monbiot は，再生エネルギーで 100% まかなうという政策に反対する．太陽光・風力・潮力は，ピーク時のエネルギー生産を支えられず，地熱・水力は立地が限られる[12]．石炭生産は社会的・政治的・環境的コストが莫大である．これらに比べて，原子力は最も破壊的でなく，また発電量が大きい，と彼は言う．

しかし，Parson は，根本原因（資本，コーポラティズム，消費主義）に取り組まずに，気候変動を「技術的に」解決するというのは，「間違った解決法」（false solutions）であると喝破する．原子力発電は「間違った解決法」の典型である．それは，安全保障国家（security state），政府と企業の中央集権化，労働者と土地を破壊する鉱山経営，環境人種差別，ミリタリズムといった，近代社会の最も悪い側面を強化することになる[13]．

マレイ・ブクチンによれば，環境破壊は人間の社会関係の破壊に根源をもつという．CO_2 排出は，気候問題の多くの側面のうちの一つにすぎない．気候的正義は，経済的・社会的不平等，環境レイシズム，人間以外の生き物に対する人間の集合的行為の影響，企業の権力，ミリタリズム，家父長制といった，複雑で多次元的な問題に同時に取り組む．気候的正義は次のエネルギー政策を要求する．1) 民主的コントロール，2) 自然との協働，3) 消費主義の拒絶と近代産業社会の問い直し，4) 地球的衡平性の促進．

「気候ファースト」の支持者は，気候変動が代議制民主主義のプロセスを経ることを確信していない．そのことは，気候変動と原子力発電についての議論の非政治化を導くが，それは誤りである．気候変動は政治的問題であり，CO_2

12　Monbiot はふれていないが，いわゆる再生可能エネルギーにも，環境問題を引き起こす可能性がある．Parson はそれについて言及している．風車は渡り鳥やコウモリが死ぬ原因をつくる．太陽光発電は砂漠に設置するのが最適だが，脆弱な砂漠の生態系を破壊する．水力はサケの遡上を減少させる原因の一つである，など．

13　ここで Parson は，原子力発電もプラント建設，ウラン採掘，輸送，貯蔵の際に CO_2 を出すことに注意を向けている．この点はシュレーダー＝フレチェットも繰り返し指摘している（Shrader-Frechette 2009, 2011）．

についての問題であると同時に，価値についての問題である．気候的正義は社会的正義，広範な政治参加，環境意識を含まなければならない．この観点からすると，原子力発電にはいかなる場所もない．ラディカルな社会変革と気候変動の取り組みは両立しうる．気候の危機の解決のためには，社会的・経済的・政治的危機に取り組むことが不可欠である．

この Parson のコメントは，気候変動や原子力発電を技術的に捉えるだけでなく，それらの倫理的・政治的側面に目を向けることを主張するものである．また，気候変動対策と原子力発電の推進というカップリングを信奉する人々を批判するとともに，気候変動の社会的解決策を探ろうとしている．これからの環境倫理学の基本的なスタンスを示しているように思われる．

8　おわりに

以上の要約・紹介から，環境プラグマティズムが求めている "具体的な環境問題への応答" がなされていることが分かるだろう．またそれだけでなく，3.11 後の環境倫理学の一つのテーマが見えてきたように思われる．現代社会はリスクや不確実性に満ちており，そこでの「環境」とは，人間の科学技術をベースとした環境である．原発事故とその後の混乱は，このことを明確に示した出来事だった．したがって 3.11 後の環境倫理学は，科学技術倫理学でなければならない．「自然」とのかかわり方に加えて，「科学技術」とのかかわり方が最も重要な検討課題となる．そして「倫理」の観点はますますアクチュアリティを増している．本章で見てきたような，科学技術の問題に対する倫理的・政治的解決の提示，世代間・世代内の「正義」という視点の提示，リスクと安全に関する情報の分析と公衆への公開などが，今ほど必要な時代はないだろう．

本章では欧米の環境倫理学による応答を見てきたが，それは総じて客観的かつ一般的な応答であったといえる．それに加えて日本の環境倫理学が独自に果たしうる役割は，日本の過去の経験から学び，それを普遍化して提示することだろう．実は，ヘイルの呼びかけに応えて，英文の論文を投稿し，掲載された日本人研究者がいる．それはウィリアム・ジェイムズや西田幾多郎の研究者として知られる嘉指信雄である．嘉指はそこで，「原子力の平和利用」に関する

日本の葛藤や「原子力ムラ」の存在を紹介するとともに，福島の原発事故による内部被曝が過小評価されている現状を，広島の原爆投下による内部被曝の取り扱いにさかのぼって論評している（Kazashi 2012）．その他，丸山徳次は，「避難・賠償・帰還等をめぐる政府の行政行為と東電の対応等を見ると，構造的にフクシマがミナマタに酷似していると思わざるをえない」として，水俣病の経緯をふまえて事故後の福島の現状について論評している（丸山 2016）．被爆国であり公害に苦しんだ国の研究者として，このような経験をふまえて語ることは一つの使命であるといえよう．

＊本章は以下の拙稿に手を加えて作成された．
吉永明弘（2012）「福島第一原発事故に対する環境倫理学者の応答——シュレーダー＝フレチェットの応答を中心に」『公共研究』8巻1号，千葉大学公共研究センター，197-227頁
吉永明弘（2013a）「福島第一原発事故に対する欧米の哲学者・倫理学者のコメント（続き）」『公共研究』9巻1号，千葉大学公共研究センター，244-255頁
吉永明弘（2013b）「地理学と環境倫理学の協働に関する覚書」『江戸川大学紀要』23号，303-310頁

参考文献

Hale, B. (2011) "Fukushima Daiichi, Normal Accidents, and Moral Responsibility: Ethical Questions About Nuclear" Energy, *Ethics, Policy and Environment* 14(3): 263-265

Kazashi, N. (2012) "The Invisible 'Internal Radiation' and the Nuclear System: Hiroshima-Iraq-Fukushima" *Ethics, Policy and Environment* 15(1): 37-43

Light, A. (2001) "The Urban Blind Spot in Environmental Ethics" Mathew Humphrey (eds.) *Political Theory and the Environment: A Reassessment*, Frank Cass Publisher, 7-35

Light, A. (2002) "Contemporary Environmental Ethics: From Metaethics to Public Philosophy" *Metaphilosophy*, 33(4), Blackwell Publishing, 426-449

Light, A. & Smith, J. (1997) "Introduction: Geography, philosophy, and the Environment" Light, A. & Smith, J. (ed.) *Philosophy and Geography I: Space, Place, and Environmental Ethics*, Rowman & Littlefield Publishers, Inc., 1-13

Light, A & Smith, J. (ed.) (1998a) *Philosophy and Geography II: The Production of Public Space*, Rowman & Littlefield Publishers, Inc.

Light, A. & Smith, J. (ed.) (1998b) *Philosophy and Geography III: Philosophies of Place*, Rowman & Littlefield Publishers, Inc.

Möller, N. & Wikman-Svahn, P. (2011) "Black Elephants and Black Swans of Nuclear Safety" *Ethics, Policy and Environment* 14(3): 273-278

Parson, S. (2012) "'Climate First'? The Ethical and Political Implications of Pronuclear Policy in Addressing Climate Change" *Ethics, Policy and Environment* 15 (1): 51-56

Shrader-Frechette, K. S. (2002) *Environmental Justice: Creating Equality, Reclaiming Democracy*, Oxford University Press

Shrader-Frechette, K. S. (2009) "Data Trimming, Nuclear Emissions, and Climate Change" *Science and Engineering Ethics* 15: 19-23

Shrader-Frechette, K. S. (2011) "Fukushima, Flawed Epistemology, and Black Swan Events" *Ethics, Policy and Environment* 14(3): 267-272

Taebi, B. (2012) "Multinational Nuclear Waste Repositories and Their Complex Issues of Justice" *Ethics, Policy and Environment* 15(1): 57-62

van de Poel, I. (2011) "Nuclear Energy as a Social Experiment" *Ethics, Policy and Environment* 14(3): 285-290

今道友信（1990）『エコエティカ──生圏倫理学入門』講談社学術文庫

ウィーラマントリー，C. G.（2011）「国際反核法律家協会会長 ウィーラマントリー判事からの書簡 原発の存続・拡散は将来世代への犯罪」『日本の科学者』Vol. 46. No. 7（浦田賢治 訳）http://www.jsa.gr.jp/04pub/2011/201107p57-59.pdf（2017 年 10 月 13 日確認）

加藤尚武（1991）『環境倫理学のすすめ』丸善ライブラリー

藤本温ほか（2013）『技術者倫理の世界 第 3 版』森北出版

丸山徳次（2016）「巻頭エッセイ：過去に学ぼう，公正な持続可能社会を形成するために」『科学』3 月号，岩波書店

村上陽一郎（1998）『安全学』青土社

山田克哉（2004）『核兵器のしくみ』講談社現代新書

吉岡斉（2011）『原発と日本の未来──温暖化対策の切り札か』岩波ブックレット

吉永明弘（2008）「「環境倫理学」から「環境保全の公共哲学」へ──アンドリュー・ライトの諸論を導きの糸に」『公共研究』5 巻 2 号，千葉大学公共研究センター，118-160 頁

吉永明弘（2011）「原子力発電に対する環境倫理学からの応答──シュレーダー＝フレチェットの一連の論考から」『公共研究』7 巻 1 号，千葉大学公共研究センター，137-151 頁

吉永明弘（2015）「「NIMBY のどこが悪いのか」をめぐる議論の応酬」『公共研究』11 巻 1 号，千葉大学公共学会，161-200 頁

第3章 放射性廃棄物と世代間倫理

寺　本　　　剛

1　はじめに

　原子力発電に伴って発生する高レベル放射性廃棄物[1]の問題は世代間倫理について考えるための重要な題材である．この廃棄物は10万年以上もの長いあいだ危険であり続け，画期的な技術革新がない限り，そのリスクは原子力発電から直接利益を得ることのない遠い未来の人々に残される．これが世代間の不公正であることは明白であろう．この問題について考える者は，私たち人類が途方もなく大きな力を持ってしまったという事実を目の当たりにし，今後の行動や意思決定において自分たちが格段に重い責任を担わなければならなくなったという現実と向き合うことになる．人々に重い教訓を与え，将来世代に配慮した行動をとるよう動機づける力を持つがゆえに[2]，この問題は世代間倫理の議論において重要な意味を持つのである．

　しかし，この問題それ自体は世代間倫理の観点から見て悩ましいものでもある．たしかに，それを教訓として襟を正し，今後の行動や意思決定を将来世代に配慮したものへと変えていくことはできるかもしれない．しかし，すでに発生してしまった放射性廃棄物についてはそうはいかない．これについては事態

1　再処理政策を行っている日本では，原子力発電から出される使用済み核燃料を再処理してプルトニウムを取り出した後に残る廃液やそれをガラスで固めたガラス固化体のことを高レベル放射性廃棄物と呼ぶが，使用済み核燃料を再処理せず，そのまま冷却保管し，最終的に廃棄物として処分する「ワンスルー方式」を採用する国々では使用済み核燃料が高レベル放射性廃棄物と呼ばれる．本稿ではこの両方を「高レベル放射性廃棄物」と呼ぶことにする．

2　もっとも，この問題について過去の経験が教訓として活かされているかどうかは疑問である．現在（2017年1月）でも原子力発電から使用済み核燃料が生み出されており，その総量規制は実施されていない．

第 I 部　災後の環境倫理学

を元に戻すことはできず，もはやそのリスクと負担を世代間で公正に分配することはできないのである．もっとも，だからと言ってこの問題について世代間倫理を論じる意味がないということにはならない．むしろ，世代を超えてリスクや不利益が残されるからこそ，そのプロセスをできるだけ倫理的なものにしていかなければならないし，現実の状況に合わせて世代間倫理の議論をさらに精緻にしていかなければならない．以下では，こうした問題意識を持って，高レベル放射性廃棄物のリスクに対処するための世代間倫理がどのようなものでなければならないかを考えてみたい．

2　処分方法のディレンマ

現在，多くの国で高レベル放射性廃棄物を処分する現実的な方法と見なされているのが地層処分（geological disposal）である[3]．地層処分の基本的な手法を日本の事例に基づいて列挙すると以下のようになる．

① 再処理に伴って発生する廃液をガラス原料と混ぜ合わせ，キャニスターと呼ばれる約5mm厚のステンレス製の容器の中で固化する．固化した当初は放射線量や発熱量が大きいため，これらの減少をはかるために，30～50年間地上の施設で貯蔵する[4]．

② ガラス固化体をオーバーパックと呼ばれる金属容器（直径約80cm，高さ約170cm，壁厚約19cm，重さ6トン）に入れる．これにより，地層

3　高レベル放射性廃棄物の処分方法としては，このほかにも，廃棄物をロケットで宇宙空間へ運んで隔離する宇宙処分，海底に埋める海洋底処分，南極などの氷床に埋める氷床処分といった方法が検討されてきた．しかし，宇宙処分はロケットの発射失敗のリスクがあるため現実的な方法としては採用されていない．海洋底処分は廃棄物などの海洋投棄を規制するロンドン条約で禁止されている．氷床処分は氷床の特性等が不明確であることに加え，南極での放射性廃棄物処分を禁じた南極条約に抵触するため現実的な方法とは考えられていない．

4　公益財団法人原子力環境整備促進・資金管理センター（原環センター）ウェブサイト，「原環センターライブラリー」http://www.rwmc.or.jp/library/pocket/dispose/3-4.html（2018年1月28日）および電気事業連合会ウェブサイト「高レベル放射性廃棄物の貯蔵」http://www.fepc.or.jp/nuclear/haikibutsu/high_level/chozou/（2018年1月28日）

50

に埋設した後，最低でも 1,000 年間は地下水がガラス固化体に接触するのを防ぐと言われる[5]．

③　放射性物質の移動を遅らせるために，天然の粘土（ベントナイト）と砂を混ぜてできた緩衝材ブロック（厚さ 70 cm）でオーバーパックの周囲を覆う[6]．

④　これを地下数百メートルにある岩盤に埋設する．地下深部では地下水の動きが極めて遅く，放射性物質が岩盤にしみ込んだり，吸着されたりして，その移動はさらに遅くなるとされ，これにより人工バリアが腐食・破損し，放射性物質が漏洩して地表へ到達したとしても，その頃には放射性物質の放射線量は人間の生活に影響のないレベルになると考えられている[7]．

　重要なのは，地層処分が最終処分の一形態だということだ．最終処分とは，「最終」という言葉が示すように，処分後に廃棄物を管理しない処分方法である．当然，これがうまくいけば将来世代に経済的・社会的負担を残すことはなく，世代間公正を実現することができる．

　しかし，現在の科学技術では 1000 年，いや 100 年先の地質状態や地下水の動向さえ，ピンポイントで確実に予測することはできない．このような不確かな見通ししか持つことができないのに，本当に地層処分場の閉じ込め機能を信頼してよいものか，不安は払拭できない[8]．特に，日本のように地震の多い国で

5　地層処分実規模試験施設ウェブサイト，「人工バリアとは？」，「ガラス固化体を守るオーバーパック（金属の容器）」http://fullscaledemo.rwmc.or.jp/ebs/（2018 年 1 月 28 日）および，原子力発電環境整備機構（NUMO）ウェブサイト，地層処分ポータル，地層処分の概念，「オーバーパックの役割」http://chisoushobun.jp/（2018 年 1 月 28 日）

6　地層処分実規模試験施設ウェブサイト，「人工バリアとは？」，「水の動きを遅くする緩衝材（締め固めた粘土）」http://fullscaledemo.rwmc.or.jp/ebs/（2018 年 1 月 28 日）および，原子力発電環境整備機構（NUMO）ウェブサイト，地層処分ポータル，地層処分の概念，「緩衝材の役割」http://chisoushobun.jp/（2018 年 1 月 28 日）

7　原子力発電環境整備機構（NUMO）ウェブサイト，地層処分ポータル，地層処分の概念，「多重バリアの力」http://chisoushobun.jp/（2018 年 1 月 28 日）

8　日本原子力研究開発機構元主任研究員の土井和巳は，地殻変動帯にあり，地下水の豊富な日本において高レベル放射性廃棄物の地層処分は不可能であり，数百年単位で監視と管理を十分に行いながら貯蔵し，処分技術や処分方法の開発を継続するしかないと主張して

第 I 部　災後の環境倫理学

は，その間に自然が想定外の動きをしないとは断定できないだろう[9]．また，キャニスターやそれを覆うオーバーパックの一部分が急激に腐食して予想より早く穴があけば（高木 2000: 79 ff），放射性物質が早めに漏洩し，世代間公正は実現できなくなる．このように私たちの頼りない予見能力に基づいて地層処分を実施することはほとんど賭けに等しい．世代間公正を実現するという目標のためとは言え，これは倫理的に危うい選択である．

　安全性のほかにも問題はある．最終処分である以上，地層処分の元々のコンセプトには一度埋めた廃棄物を取り出すことは含まれていない．だが，地層処分を実施した後で廃棄物のより良い処分方法や廃棄物を安全に有効利用する方法が開発されたとしたら，将来世代は放射性廃棄物のリスクを軽減したり，放射性廃棄物からメリットを得る機会や権利を失うことになる．リスクを残すのに，それに対する対処方法をあらかじめ確定してしまい，実際にそのリスクに対処することになる将来世代にその機会や選択権・決定権を与えないのは，それはそれで倫理的ではないだろう．

　一方，最終処分をせず，地表近くで監視しながら廃棄物を長期的に貯蔵し続ければ，想定外の出来事により廃棄物が漏洩しても素早く対処でき，より優れた処分方法や安全な利用法が開発された場合でも，それらについて将来世代に選択権・決定権を残すことができる（Shrader-Frechette 1993: 218）．空気の自然対流を利用して廃棄物の崩壊熱を除去する乾式貯蔵の手法を使えば，冷却のために機器の動力を利用しないため，安全性も高まり[10]，費用や監視の労力の面でも相対的に負担を軽くすることができるかもしれない．

　しかし，この選択肢にも別の問題がある．地表近くで貯蔵する場合には，自然災害やテロリズムによる被害の可能性など，地表特有のリスクが懸念される．

────────────

　　いる（土井 2014）．

　9　石橋克彦は地震学の観点から日本列島において 10 万年間に地震の影響を受けない場所をピンポイントで選定するのは不可能であり（石橋 2000: 42），「地層処分は，未来世代に途方もない迷惑をかける可能性の高い，無責任な賭けだと言っても過言ではない」としている（石橋 2012: 240-241）．

　10　原子力規制委員会の前委員長田中俊一は一貫して使用済み核燃料の貯蔵方法としてプールでの湿式貯蔵よりも乾式貯蔵の方が安全だという認識を示しており（例えば，「原子力規制委員会記者会見録」，平成 24 年 10 月 10 日），乾式貯蔵の普及を進めるために規制の緩和を進めてきた（毎日新聞 2016 年 10 月 17 日）．

第3章 放射性廃棄物と世代間倫理

乾式貯蔵の信頼性が高いとは言え，このリスクの評価次第では，地上での貯蔵に不安を覚える人が出てくるかもしれない[11]．また，将来世代に廃棄物管理の負担を強いるという点で貯蔵は世代間公正の理念に反する．原子力発電で得られた利益から基金を作り，その負担を全面的に補償することで世代間の不公正を軽減するという方法もあるが（Shrader-Frechette 1993: 245），それで数千年から数万年に及ぶリスクに対処するための十分な額を確保できるかどうかは定かではない．

このように，高レベル放射性廃棄物の処分方法をめぐっては，大きく分けて，「負担の世代間公正」と「選択権・決定権の世代間公正」のどちらを優先すべきかという点でディレンマが存在する．将来世代に負担を残さないことをめざして廃棄物を埋めてしまえば，廃棄物のリスクへの対処法について将来世代に選択権・決定権を残すことはできない．一方，将来世代に選択権・決定権を残そうとして貯蔵をし続けるならば，将来世代に管理の負担やそれに伴うリスクを強いることになってしまう．どちらを優先しても，将来世代に何がしかの迷惑をかけることとなり，世代間公正を十全なかたちで実現することはできないのである．

3　不確実性・漸進的最適化・持続的熟議

世代間公正を十全なかたちで実現できない場合に私たちに課せられるのは，廃棄物のリスクや負担を将来世代に引き渡すプロセスをできるだけ倫理的なものにすることである．では，次善の策としてどのような方法が採用されるべきだろうか．

11　福島第一原子力発電所に貯蔵してあった乾式貯蔵キャスクは東日本大震災における津波によって一時的に海水中に完全に水没したものの，ボルトにより固定されていた元々の位置からは移動しておらず，密封機能，臨界防止機能，除熱機能，遮へい機能および燃料の健全性にも問題は発生しなかった（伊藤・赤松・新谷 2014）．また，フォン・ヒッペルは乾式貯蔵について，「テロリストが対戦車兵器を使ったり航空機を墜落させてキャスクに穴をあけようとしても，多くの場合，放射性燃料の一部があたりに飛散する程度に終わる」と見ている（von Hippel 2008: 93）．これらの事実や見解をどのように評価するかによって，地上での貯蔵の安全性についても評価は分かれるだろう．

第Ⅰ部　災後の環境倫理学

　この問いに答えるにあたってデイビッド・コリングリッジの技術選択論が示唆を与えてくれる．コリングリッジによれば，人間の知性，情報収集力，分析能力は貧弱であるため，それらに基づいてなされる意思決定はいつでも現実に裏切られる可能性がある．そのような状況下で，将来の行動の選択肢を制限する性質を持つ「柔軟性の低い」技術を導入してしまうと，それが失敗に終わった時に後戻りができなくなり，失敗の代償が大きくのしかかることになる[12]．こうした帰結を避けるためには，意思決定において大きな賭けをするのではなく，後戻りや修正の可能性を持つ柔軟な技術を選択し，その技術を導入する際には小さな意思決定を着実に積み重ねながら，また，多様な意見をできるだけ取り入れて参考にしながら，漸進していく方が望ましい（Collingridge 1992: 4-8）．

　この洞察は高レベル放射性廃棄物の処分問題にそのまま当てはまる．この問題の難点は，廃棄物の影響やそれに対する将来世代の価値観などについて確かな予測ができないという点にあった．こうした不確実性が支配する状況において，ある世代がある時点で長期にわたる処分方法を確定してしまえば，選択の失敗が明らかになったとしても，後戻りができなくなったり，不測の事態に対応するための選択肢が制限されたりして，将来世代の行動を拘束することになる．これにより将来世代の選択権・決定権が侵害されるだけでなく，将来世代に無用な負担やリスクがもたらされることになるかもしれない．それゆえ，超長期的なリスクを後続世代に受け渡す場合には，一度に大きな決断を下すのではなく，将来起こりうる想定外の事態に備えて，できるだけ柔軟に対応できる体制を整え，漸進的に事態を好転させていくことをめざす方が，致命的な失敗をおかす可能性が少ないという意味で，よりよい方針だと考えられるのである．

12　コリングリッジによれば，「柔軟性の低い技術」とは，①リードタイム（製品開発や施設の建設のためにかかる期間）が長く，②単位あたりの規模が大きく，③資本集約的で，④インフラストラクチャーへの依存度が高い，という特徴を持つ．これらの特徴を持つ技術は，一つの事業単位の規模が物理的・経済的に見て大きいため，一度導入してしまうと後戻りすることが困難であったり，導入過程が長いために失敗の認知が遅れたり，また失敗から学ぶのに時間がかかったりする傾向が強く，その結果，失敗の代償が相対的に大きくなってしまう．コリングリッジはその代表的な事例として原子力発電を挙げている（寺本 2016）．

第 3 章　放射性廃棄物と世代間倫理

　以上の方針に照らした場合，地層処分は柔軟性の点で懸念がある．廃棄物を埋めて処分場を閉鎖してしまえば，その後に後戻りすることはできず，その時点から廃棄物処分についての他のオプションが意味を持たなくなるからだ．この場合，将来世代が柔軟な対応をとる余地はほぼなくなってしまう．

　もっとも，こうした懸念を払拭すべく，現在では地層処分の計画に可逆性と回収可能性が組み込まれている．たとえば，2015 年 5 月 22 日に改定された「特定放射性廃棄物の最終処分に関する基本方針」には次のような内容が記されている．

　　「最終処分事業は長期にわたる事業であることを踏まえ，最終処分を計画的かつ確実に実施させるとの目的の下で，今後の技術その他の変化の可能性に柔軟かつ適切に対応する観点から，基本的に最終処分に関する政策や最終処分事業の可逆性を担保することとし，今後より良い処分方法が実用化された場合等に将来世代が最良の処分方法を選択できるようにする．このため，機構は，特定放射性廃棄物が最終処分施設に搬入された後においても，安全な管理が合理的に継続される範囲内で，最終処分施設の閉鎖までの間の廃棄物の搬出の可能性（回収可能性）を確保するものとする」[13]．

　ここでは，地層処分に可逆性および回収可能性を組み込むことで，様々な状況の変化に柔軟に対応できる体制を整え，将来世代の選択権・決定権を保障することがめざされている．もちろん，これで先のディレンマが根本的に解消され，世代間公正が十全に実現できるようになるわけではない．可逆性および回収可能性を残すということは，将来世代の選択権・決定権の観点で世代間公正を優先したということであり，これは一方で，最終処分施設の閉鎖までの管理の負担を将来に残すという世代間不公正を選択したことになるからだ[14]．むし

13　「特定放射性廃棄物の最終処分に関する基本方針」（平成 27 年 5 月 22 日閣議決定），「第 4 特定放射性廃棄物の最終処分の実施に関する事項」

14　一方，もしある世代の人々が安全性についての科学的・技術的確証のない状態で最終処分を完結させた場合には，将来世代の選択権・決定権の観点から見て世代間公正を軽視したことになる．

55

第Ⅰ部　災後の環境倫理学

ろ，ここでは十全な世代間公正の実現が不可能であるという前提のもと，不確実性への対応という観点から，柔軟な対応の可能性を残すという次善の策が講じられていると理解すべきだろう．

しかし，柔軟な対応の可能性を重視するというのであれば，地上付近で貯蔵を継続するという選択肢も同様に残されていることになる．いや，この方針を重視するならば，地上での貯蔵という選択肢の方が理にかなっているかもしれない．地層処分場を閉鎖して最終処分を完結させるという決断は将来世代の柔軟な対応の可能性を著しく狭めるものである．それゆえ，地層処分技術の安全性・確実性が「柔軟性の維持」という方針を無視することができる程度にまで高まらない限り，このような決断を下すことはできないだろうし，またそうすべきではないだろう．このような厳しい基準をクリアできる時期が本当にすぐ来るのかどうかこれもまた不確実である．そのような不確かな見通しの中で，地下に巨大な構造物を建造するために資金と労力を投入すべきかどうかは慎重に検討しなければならない問題だ．地層処分場を建造して廃棄物を設置した後で，なかなか最終処分を完結させる条件が整わず，監視を続けるのであれば，実質的な管理負担は地上での貯蔵とほとんど違いがないようにも思われる．建造してしまった後に別の有望な処分技術や利用法が開発されたとしたら，最終処分場が不要になり，投入した資金や労力が無駄になる可能性もある．また，地層処分場を急いで作ろうとすることで，様々な政治的・社会的軋轢が生じる可能性も無視できない．そうだとしたら，まずは地上での貯蔵を継続し，地層処分場建設のための資金を将来世代のより柔軟な選択（地層処分も含めた）を支える資源として蓄えておく方がより合理的な選択だと考えることもできるのである[15]．

もちろん，今後の廃棄物の取り扱いに関して，どちらがよりよい選択なのかを今の時点で一概に確言することは難しい．地中と地上のどちらがより安全か，どちらの方が管理しやすいか，あらかじめ最終処分場を建設しておいた方がいつでも最終処分に踏み切ることができてよいと考えるのか，それとも地層処分場が不要になる可能性を考慮してその分の資金を将来世代に残しておくべきな

15　もちろん，最終処分場を受け入れる地域が出てこない可能性も十分ある．その場合には，今のところ地上での貯蔵しか現実的な選択肢がないということになる．

56

第3章　放射性廃棄物と世代間倫理

のか，また，処分場や貯蔵施設の引き受け手の問題，回収可能性を残した最終処分を選択した場合には，それを完結させるための条件などについて，綿密な検討が必要である[16].

　その検討は多様な利害や価値観を持つ人々による熟議という形態で行われる必要がある．このような形態がとられなければならないのは，第一義的には，処分場や貯蔵施設を受け入れる可能性のある地域の人々の権利を不当に侵害しないよう，その人々の声を決定に反映させるためであるが，その重要性はこれに尽きるものではない．熟議において多様な視点が確保されることによって，意思決定がもたらす文化的，社会的，政治的，環境的な影響が幅広く俎上に載せられ，批判的な検討を受けることになる．それによって意思決定のバイアスが修正され，意思決定はより完全なものとなりうる（Fuji-Johnson 2011: 83-84）．多様な視点からの批判的吟味は，私たち人間の貧弱な予見能力を補い，不確実性の中でより妥当な意思決定を行う可能性を高めてくれると考えられるのである．

　そして，高レベル放射性廃棄物のリスクが超長期的に持続する以上，この熟議は世代をまたいで継続されなければならない．コリングリッジの指摘を世代に適用するならば，ある世代の予測や予見には限界があり，それは常に現実に裏切られる可能性がある．そうだとすれば，リスクに対してより適切な対応をするためには，多様な視点に基づく熟議を通時化する必要がある．すなわち，それぞれの世代は，前の世代の意思決定を自明視するのではなく，新しい状況の変化や新しい視点を踏まえて短・中・長期的な見通しをそのつど立て直し，必要な場合には，前の世代の施策を修正したり，後戻りさせたり，全面的に改

16　例えば，貯蔵のあり方についても様々な意見がある．日本学術会議は使用済み核燃料を50年間乾式貯蔵で暫定保管し，保管場所については「発生者責任において配電圏域内に少なくとも1か所の暫定保管施設を立地県外に建設することが望ましい」としている（日本学術会議 2015）．また，ルポライターの滝川康治は原発立地地域の過疎化により，厳重な管理が必要である廃棄物の存在が忘れ去られてしまうということを懸念し，泊原発の使用済み核燃料を石狩湾新港等の札幌圏に乾式貯蔵施設を設置して暫定保管することを提案している（滝川 2015, 2017）．あるいは，福島県双葉町の元町長である井戸川克隆は，原発立地自治体の町長の立場から，使用済み核燃料を原発サイト内で乾式貯蔵し，それに税金をかけるという見通しを持っていたと述べている（井戸川ほか 2017: 97-98）．こうした多様な意見をできるだけ多く俎上に乗せて公正に議論できる熟議の場が求められる．

57

第Ⅰ部　災後の環境倫理学

定したりしながら，よりよい対処の仕方を探りあてていかなければならない．また，このように各世代が過去の意思決定を実情に合わせて変更することが正当に行われるためにも，熟議による意思決定システムが世代を通じて成立し続けなければならない．そのためにはこうした熟議による意思決定システムを各世代が持続的に維持・管理することが求められる（Fuji-Johnson 2011: 85-86）.

4　超長期的リスクに対処するための世代間倫理

　以上で確認したように，高レベル放射性廃棄物の問題については，世代間公正の十全な実現を断念し，持続的熟議を通じた漸進的最適化へと方針を転換せざるをえない．この二つの方針は異なる世代間関係を前提としており，転換は根底的なものである．

　一般に，世代間公正の理念は，各世代がもたらす悪影響をその世代内で解消し，次の世代に不当な負担を残さないことを求める．いわば，利害の「収支」を各世代で完結させることを求めているのである．ここでは，人々が刻一刻と誕生し死亡する現実の動的過程が仮想的に凍結され，過去世代，現在世代，将来世代がそれぞれ独立した存在として明確に区分されている．そして，このような静的な世代間関係を前提として世代間の公正が追求されることになる．

　一方，持続的熟議による漸進的最適化の場合には，世代を超えた，あるいは世代をまたいだ最適化が目標となっている．そこでは，刻一刻と現在世代が過去世代となり，将来世代が現在世代として存在するようになる継ぎ目のない動的プロセスが一つの共同体として前提されている[17]．このような持続的共同体のよりよい在り方を実現するために，できる限り適切な意思決定を行うことが，その都度成立する現在世代の義務となる．

　このように対比すると，世代間公正の理念は私たちが生きている動的現実を度外視して構築された抽象的で，非現実的な理念であるように見えるかもしれない．しかし，世代間公正の理念もまた，それはそれで，私たちの生活世界から生じた生きた理念である．私たちが生まれ，生き，死んでいく存在であるか

───────────

17　ヴィサート・ホーフトはこうした「進行中の現実（ongoing reality）として社会を見る自然な見方」を世代間倫理の基盤とすることを提案している（Visser't Hooft 1999: 113）.

第3章　放射性廃棄物と世代間倫理

らこそ，そこに「すでに死んだ者」「今生きている者」「まだ生まれていない者」という区分が生じる．そして，動的現実の不可逆性を身にしみて知っているからこそ，時間的に断絶する存在者間の公正や，すでに死んだ者やまだ生まれていない者への責任が私たちに切実な倫理的問題として迫ってくるのである．このような意味で，世代間公正の理念は動的現実に深く根ざした理念であるのだから，それを非現実的と断じて斥けたり，軽視するわけにはいかない．

　さらに，以上の二つの理念の序列についても注意が必要である．持続的熟議による漸進的最適化の試みはあくまで次善の策であり，これを世代間倫理の第一原理とすることはできない．もしこれを第一原理としてしまうと，リスクを発生させた世代の責任[18]を曖昧にし，後続世代への負担の押しつけを「仕方のないこと」として「正当化」することにつながる[19]．これを避けるためにも，世代間公正という理念を第一原理として最大限尊重し，漸進的最適化はそれが十全に実現できない場合にやむをえず採用される第二原理として位置づけられなければならない．

　実際，漸進的最適化という原理に対して，世代間公正という原理は統制的機能を果たしていると見ることができる．持続的共同体に対するリスクの最小化がめざされるのは，将来世代のリスクや負担をできるだけ減らし，十全ではないとしても，できるだけ世代間の公正を実現しようとする志向がそこに存在するからであろう．また，最適化が原則的に急進的ではなく漸進的であるべきなのは，将来世代に対する不当なリスクを可能な限り軽減し，将来世代の決定権・選択権を可能な限り確保するためである．このように私たちの行動の原理が漸進的最適化へとシフトしたとしても，世代間公正の理念は放棄されるのではなく，次善の策を指令する上位原理として効力を持ち続けるのであり，また

18　もちろん，世代内でも責任の濃淡はある．原子力市民委員会が主張するように「汚染者負担原則」に基づくならば，原子力発電所を稼働させてきた各電力会社をはじめとして，監督機関や原子力政策を推し進めてきた政府が，まずはじめにより大きな責任を負わなければならない（原子力市民委員会核廃棄物問題プロジェクトチーム　2015）．

19　「超世代的な共同体」（de-Shalit 1995）を想定するデシャリットの世代間倫理は，将来世代への配慮を正当化するために提起された考え方であり，その限りでは有効な議論の一つだが，それが超世代的な共同体のために一部の世代が不公平な負担を負うことを容認する口実として悪用されないよう警戒しなければならない．

59

第 I 部　災後の環境倫理学

そうあるべきなのである.

　かくして,超長期的リスクに対処するための世代間倫理は次のような序列を持つ諸原理から構成されることになる.

　　第一原理
　　• リスクは各世代間で公正に分配されなければならない.この原理は,それが十全に遵守されえない場合でも,目指すべき理念として堅持されなければならない(世代間公正原理).
　　第二原理
　　• 第一原理を十全なかたちで遵守できない場合に限り,時間的に持続する共同体へのリスクを最小化する最適な方法が追求されなければならない(最適化原理).
　　• 最適化のプロセスならびにそこで選択される対処方法は,強力な確証がない限り,将来の意思決定をできるだけ制約せず,可逆性および修正可能性をできるだけ担保したものでなければならない(漸進性原理).

5　理念の転換の条件

　第一原理と第二原理の序列に厳格に従うならば,前者の十全な実現を断念し,後者へと目標を転換するためには,十分な正当化がなされなければならない.まず,あらゆる手段を講じても前者が実現不可能であることの論証が不可欠である.加えて,過去の意思決定の失敗を認め,新しい枠組みでの問題解決が今後の社会全体にとってより有益であることを論証する義務もある.これらの条件が満たされない場合には,後続世代への負担の押し付けが,正当な根拠もなく,なし崩し的に容認されてしまうという非倫理的な状態が出来することになる.

　例えば,1966 年から 2004 年までの使用済み核燃料の再処理費用は 2005 年から 2020 年までの間の需要家が等しく(原子力発電の電気を利用するか否かにかかわらず)託送料金(送配電網の利用料)に上乗せするかたちで負担をしてい

第3章　放射性廃棄物と世代間倫理

る[20]. ここでは過去の需要家が本来負担すべきであった再処理費用を，現在の需要家が代わりに負担するという明白な世代間不公正が行われているわけだが，これを第一原理から第二原理への転換として理解することができるかもしれない. しかし，こうした転換が行われるためには，本当にこのような不公正な方法しか選択肢がないことを十分に論証しなければならない. 企業あるいは政府の見通しの甘さのためにこうした事態が起きたのだとしたら，なぜその負担を特定の世代の需要家が担わなければならないのかが十分に根拠づけられ，納得のいく形で説明される必要がある. そして，もしこうした正当化が十分になされたとしても，本来支払う義務のない需要家に負担を求める以上，過去の政策決定の誤りを公に認め，その責任を取ることが不可欠である. この事例では，過去世代と現在以降の世代を「国民」や「需要家」として一括りにし，特定の世代をその代表者とみなして負担を求めているわけだから，同じ考え方を適用して，企業や政府の「過去の担当者」と「現在の担当者」を同じ持続的共同体の構成員とみなし，過去の意思決定の責任を現在の担当者が代表して取るぐらいの厳格な措置が必要だと言えよう.

　このような諸条件が満たされずに負担とリスクが後続世代に転嫁されるという状態が既成事実として力を持つようになれば，その後の政策決定のあり方にも悪い影響を及ぼすと予想される. そこでは，将来世代に対する配慮に欠けた意思決定を安易に許容ないし助長する風土が支配的になるだろう. こうした風土を排するためにも，私たちは世代間公正の理念と漸進的最適化の理念の序列および前者から後者への転換の条件に厳格にしたがう風土を醸成し，持続的に強化していくよう努めなければならない.

参考文献

Collingridge, D.（1992）*The Management of Scale: Big Organizations, Big Decisions, Big Mistakes*, London: Routledge

De-Shalit, A.（1995）*Why Posterity Matters: Environmental Policies and Future Generations*, London: Routledge

Fuji-Johnson, G.（2008）*Deliberative democracy for the future: the case of nuclear*

---

20 「原子力発電における使用済燃料の再処理等のための積立金の積立て及び管理に関する法律」.

第Ⅰ部　災後の環境倫理学

waste management in Canada, University of Toronto Press（＝2011，舩橋晴俊・西谷内博美監訳『核廃棄物と熟議民主主義――倫理的政策分析の可能性』新泉社）

Shrader-Frechette, K. S. (1993) *Burying Uncertainty: Risk and the Case against Geological Disposal of Nuclear Waste*, University of California Press

Visser't Hooft, H. Ph. (1999) *Justice to Future Generations and the Environment*, Springer

von Hippel, F. (2008) "Rethinking Nuclear Fuel Recycling," SCIENTIFIC AMERICAN（フランク・フォン・ヒッペル「核燃料リサイクルを再考する」，日経サイエンス，2008年10月号）

石橋克彦（2000）「地震列島では「地質環境の長期安定性」を保証できない」『『高レベル放射性廃棄物地層処分の技術的信頼性』批判』第3章，地層処分問題研究グループ〈高木学校＋原子力資料情報室〉，39-63頁

石橋克彦（2012）『原発震災――警鐘の軌跡』七つ森書館

伊藤賢司・赤松博史・新谷智彦（2014）「福島第一原子力発電所向け乾式貯蔵キャスクの製作と貯蔵実績」『R & D 神戸製鋼技報』Vol. 64 No. 1，79-83頁

井戸川克隆・山本剛史・吉永明弘・熊坂元大・寺本剛・増田敬祐（2017）「井戸川克隆さんインタビュー　福島第一原発事故と「仮の町」構想」『環境倫理』第1号，38-170頁

原子力市民委員会核廃棄物問題プロジェクトチーム（2015）『原子力市民委員会　特別レポート2　核廃棄物管理・処分政策のあり方』

高木仁三郎（2000）「現在の計画では地層処分は成立しない」『『高レベル放射性廃棄物地層処分の技術的信頼性』批判』第6章，地層処分問題研究グループ〈高木学校＋原子力資料情報室〉，72-95頁

滝川康治（2015）「"核のゴミ"レポート6　地元の人たちから聞く泊原発の後始末対策」『北方ジャーナル』2015年8月号，42-45頁

滝川康治（2017）「"核のゴミ"レポート9　「マップ」提示でも展望なき最終処分の行方」『北方ジャーナル』2017年7月号，114-119頁

寺本剛（2016）「コリングリッジの技術選択論――原子力発電を手がかりとして」『応用倫理―理論と実践の架橋―』Vol. 9，北海道大学大学院文学研究科応用倫理研究教育センター，1-11頁

土井和巳（2014）『日本列島では原発も「地層処分」も不可能という地質学的根拠』合同出版

日本学術会議（2015）「高レベル放射性廃棄物の処分に関する政策提言――国民的合意形成に向けた暫定保管」

吉田鎮男・新藤静夫・島崎英彦編（1995）『放射性廃棄物と地質科学――地層処分の現状と課題』東京大学出版会

第4章　環境正義がつなぐ未来
——明日へ継ぐに足る社会を生きるために

福　永　真　弓

1　環境正義（Environmental Justice）運動のはじまり

　環境正義は環境倫理学の重要な理論的・実践的な柱でありながら，「自然に対する正義」を論じる二項対立的な自然観と，その哲学的基礎づけをめぐる議論とはまったく別の，むしろ相容れないもの，時には互いに対立する議論とみなされてきた．だが実のところ，環境正義を実現するには，わたしたちの自然観，資源管理を支える規範，自然を守る哲学的基礎づけについて議論することこそが必要であり，逆に，自然や資源管理について考えようとする際にも，環境正義が必要である．

　本章ではまず，環境正義の概念的履歴を簡単にたどりながら，環境正義が「自然に対する正義」とどのように相容れないものとして議論されてきたのか，それはなぜかを考えてみよう．それから，現在，人間に対する正義と「自然に対する正義」の双方が地続としてある環境正義が構想されるべきであることを明らかにしよう．

　もともと環境正義は，環境人種差別（environmental racism）に抗する運動の中で生まれた言葉である．環境人種差別は，1960年代後半に米国で用いられるようになった言葉で，人種的特徴に起因する環境リスクや被害の偏在がおこっている状況を指す．環境正義運動の形成や支援に積極的に関わりながら，研究者として理論的に広く貢献してきた環境社会学者のロバート・D・バラードは，環境人種差別は，公民権運動の広がりと共に問題化されたと指摘する．バラードは1968年のマーチン・ルーサー・キング牧師の逸話を紹介している．キング牧師は，メンフィスのゴミ処理場労働者として働くアフリカ系アメリカ

63

第Ⅰ部　災後の環境倫理学

人の労働環境改善や低賃金是正を求めていた．これが，環境リスクの高い仕事に悪環境で就労せざるを得ない，人種という障壁による差別的状況，すなわち環境人種差別の最初の問題化であるという（Bullard 1994）．

周知の通り，1970 年代前半の米国は，公害反対運動や環境保護運動が，公民権運動，ベトナム反戦運動や平和運動，対抗文化運動などと，地平を共有したり相対したりしながら盛んであった頃である．なかでも公害反対運動として有名なのは，ニューヨーク州のナイアガラの滝近くの町ラブカナルでの化学汚染被害（特にダイオキシン汚染）に対する運動であり，この事件後，米国の公害対策防止のための包括的な法律，スーパーファンド法[1]が設立された．他方，環境正義運動として最初に数えられるのは，ノース・カロライナ州ワレン郡の土壌の PCB 汚染に対する運動である[2]．500 人以上の逮捕者を出した抗議運動は，近くに居住するアフリカ系アメリカ人のみならず，公民権運動関係者や，広く近隣以外の，かつ多様な人種からの参加者からなっていた．この運動は連邦会計検査院に，環境保護庁監督下にあるリージョン 4（南東部）の危険ゴミ埋め立て事業の立地に関して調査を行うよう促した．その結果として，その地域全体の有色人種の割合は全体の 20% であるにもかかわらず，4 つの事業の立地地域は 38%，52%，66%，90% と有色人種の割合が高いことが明らかになった．連邦会計検査院は調査の結果，事業設置立地に関する不平等があることを認めた（Geiser and Waneck 1994）．

その後，1987 年には，キリスト教連合協会が画期的な人種的正義調査研究『合衆国における有害廃棄物と人種問題』を行ってレポートを出し，全米規模で人種と環境リスクの不平等な配分があることが明らかにされた（Commission

---

1　一般的にスーパーファンド法とは，「包括的環境対策・補償・責任法（CERCLA）」（1980）とその後に修正された「スーパーファンド修正および再授権法（SARA）」（1986）の両方をあわせた呼称である．スーパーファンドという名の由来は，事故や汚染に関する責任者を特定するまでのあいだ，汚染調査や汚染浄化の費用を信託基金（石油税など）でまかない，米国環境保護庁（EPA）が中心的主体となることにある．責任者を事故や汚染をひきおこした潜在的責任者まで広げて追求する点に特徴がある．

2　1979 年に，郊外中間所得層で住宅を所有するアフリカ系アメリカ人たちが，ゴミ処分場に対する訴訟をおこした（*Bean v. Southwestern Waste Management, Inc.*）．前述したバラードは住民たちが団体を作って活動したことに着目し，環境正義という前の重要な運動と数えている（Bullard 1994）．

64

for Racial Justice 1987). この報告書の中で示された，人種に着目した人口構成と有害廃棄物関連施設所在地を重ねた地図は，視覚的にわかりやすくその不平等さを露わにした．そして次々に，地理学者や社会学者たちの積極的な寄与のもとに，環境人種差別という概念が明確化され，よく用いられるようになった（Bullard 1990; Bryant and Mohai 1992). そのなかでは，公害の予防対策から，汚染責任者の処罰にいたるまで，貧困地域では「緩和」される傾向があることも明らかになった．実は環境正義運動の重要な特徴の一つはここにある．アカデミア，特に社会科学系の研究者による積極的な環境正義運動への貢献がなされたのである．

やがてこれらの運動は，アフリカ系アメリカ人のみならず，ラティーノ，アジア系，ハワイなど太平洋島嶼部の先住民と居住する白人，先住民，白人貧困層などへと広がり，有害農薬利用から水質・大気汚染，劣悪な労働衛生環境も含めて，およそ地域が望まない土地利用をめぐる問題（LULUs）全般に広がった（Pulido 1996).

この動きはさらに，全米有色人種環境運動指導者サミットの開催（1991 年）へたどりつき，そこでは，「わたしたち，有色人種は」という言葉で始まる『環境正義の原理』17 項目が採択された[3]．1994 年には，ビル・クリントン大統領により，『マイノリティと低所得者層における環境正義実現のための大統領令』[4] が出された．この大統領令は，公民権法第 4 編（連邦予算でなされるプロジェクトにおいて人種，肌の色，国籍による差別を禁じる）を強化し，連邦政府機関に環境的不正義を是正する積極的な取り組みを求めた．こうして環境正義を実現する制度の整備が進み，今に至っている．

2 環境正義運動の一つの思想的到達点——『環境正義の原理』

さて，『環境正義の原理』は，思想史的に環境正義の来歴をたどる上で重要

---

3 『環境正義の原理』については，以下のウェブサイトからダウンロードできる．
https://www.ejnet.org/ej/principles.html（最終アクセス日 2017 年 12 月 10 日）.

4 Executive Order 12898 of Feburary 11, 1994, *Federal Actions to Address Environmental Juetice in Minority Populations and Low-Income Populations.*

第Ⅰ部　災後の環境倫理学

である．なぜならばそこには，現在のさまざまな環境正義概念の広がりの基礎をなす思想が息づいているからだ．運動の多様な担い手が集まったがゆえに，それは単なる金銭的な再分配を求めることを超えて，むしろ人びとの世界観や価値の多様さ，現実の複数性を認識した上で「何が必要か」を包括的に考える原理となっている．

　特に特徴的なのは以下の 4 点であろう．一つは，『環境正義の原理』は現実の不正義の所在から正義を照射しようとしていることである．まず，どのような形であれ，当該する人びとが社会の中で弱者であることから出発せざるをえず，被害を受けているという現実から不正義の所在を描き出す．そして，そこから「わたしたちにとって正義とはいったい何を意味するのか」をたどって明らかにするのである．そのため，あげられている原理はどれも具体的である．核の廃絶や（原理 4），あらゆる有毒かつ危険な汚染物質や核廃棄物製造の中止（原理 6），労働環境と構造的の不正義の撤廃（原理 8），人権の遵守や虐殺の禁止などを定めた国際法の遵守（原理 10），あらゆるコミュニティの文化的全体性を尊重し，資源への全面的に公平なアクセスを確保しながら，自然と調和するように都市・地域の浄化と再生の希求（原理 12），インフォームド・コンセントの徹底や実験的な生殖及び医療施術の禁止（原理 13），多国籍企業による破壊的活動への反対（原理 14），軍事活動による土地，人びと，文化，人間以外の生命に対する占有，抑圧，収奪への反対（原理 15）が謳われている．

　環境正義運動が，迷惑施設は自分の土地にはいらない（Not In My Backyard, NIMBY）という考え方よりも，そのような迷惑施設は地球上のどこにもあるべきではない（Not In Anybody's Backyard, NIABY）という考え方を多く共有してきたことはよく知られている．そして多くの環境正義運動は，被害や侵害された権利の埋め合わせを求めるだけではなく，環境問題をおこさないよう事前行動を行う（proactive）活動を行ってきた（Bullard and Wright 2012）．そのなかで，環境正義運動においては，環境リスクやその原因となる施設や事業を移転させるだけでは，不正義を是正することにはならないこと，それらをもたらす根本的な変化が社会には必要とされることが広く共有された共通認識となっている．そのため，NIMBY から NIABY へ展開しているように，具体的な問題から経験を通じてあげられた「〜すべきではない」ことは，社会全体に共

66

第4章　環境正義がつなぐ未来

有されるべき『環境正義の原理』へと発展していることが見てとれる．たとえば，核廃棄物や核実験場の近隣で放射線被ばく問題などに苦しんできた環境正義運動の当事者たちは，それらの施設や別の場所への移転は，移転した先で新たな苦しみと，変わらぬ広範囲の環境汚染をまき散らすのだから，根本的な解決にならないと考える．そのため，原理4では，核が土地，空気，水などに広く強い汚染をもたらすことから，核実験，核物質抽出，有害かつ危険な核関連のゴミ排出や廃棄など，およそ人為的な核の操作に関わるすべての行為や出来事から，すべての人びとは自由で（リスクや被害，それらが在ることそれ自体から）守られるべきである，と主張されている．

　上記と関連するが，二つめの特徴として，立地から被害の回復，そして事前行動を行う予防的対策まで，一連の経験をもとに必要な正義のかたちがそれぞれあげられている．『環境正義の原理』では直接「〜の正義」という形で示されてはいない．しかし，あえてその様な形で示すとすると，以下の正義が『環境正義の原理』にみられる．

　まずは，環境リスクや被害，それに対する補償など負の財についての適正な分配を求める分配的正義（distributive justice）である．分配的正義は，現代正義論の基礎であり，通常はジョン・ロールズが定義したように，自由・権利・機会・資産・所得・自尊心などの財（ロールズは基本財と呼ぶ）が社会のなかで再分配されることを求める正義である[5]．既にこれまでに見てきたように，環境正義の申し立て運動自体が，環境人種差別による環境リスクや被害の偏在とその被害を不正義として，その是正から始まったものである．その意味で分配的正義は，『環境正義の原理』における正義を構成する基礎となっている．

　原理7では，ニーズのあぶり出しから，計画，実装，実地，評価まで，一連の意志決定過程に対等な参加者として参加できるという，参加型および手続き的正義（participatory justice, procedural justice）があげられている．また，原理9では，不正義がもたらした被害を，良質の健康ケア，金銭による補償および

5　ジョン・ロールズは正義論の主眼を，社会的基本財（social primary goods）を平等かつ公正に社会内の人びとに再配分するためのルールを設計し，そのルールを遵守することで，社会の成員としての義務を果たし，成員たちが協働しあえる社会を作ることにおいた．詳細については（ロールズ 1999＝2011）参照．

第 I 部　災後の環境倫理学

回復のための償い行為によって全面的に補償を得るという補償の正義（compensatory justice）があげられている．そして，原理 12 では，特にアメリカ先住民から連邦政府に対して，社会内での地位を明確に同等と位置づけ，自治を求めるという承認の正義（justice as recognition）が求められている．

　三つめの特徴は，人びとや集団の社会文化的多様性を尊重すると共に，上記の不正義の描写の基礎となる，「現実」の把握も複数的であるとする立場に立脚しているということである[6]．『環境正義の原理』では，先住民や複雑な移民としての経歴をもつエスニックグループを多数含んでいることから，運動の主な担い手の多様性が明確に認識されている．わたしたちが現実として捉える世界の複数性は，集合的な認識枠組みと個人的な認識枠組みどちらにも依拠する．わたしたちはその重層的な世界観のなかで，世界を認識し，分節化し，価値づけしてわたしたちの生活世界を構成している．被害を受けた人びとにとって，不正義の状況におかれた人びとにとって，何が被害であり，不正義なのかを明らかにしようとするとき，この世界の複数性にもとづく価値の多様さ，人びとがどのように「現実」を認識しているか，が鍵となる．

　単なる金銭的な補償やそれを支える価値観では捉えきれない，だが当該の人びとにとっては被害から回復したり不正義を是正したりする上で必要不可欠なことは，このような，その人あるいは集団の生活世界の地平に立たなければみえてこない．そして，被害や不正義的状況を脱して，地域・環境再生を行うためには，「500 年以上ものあいだ植民地支配や抑圧によって否定され続けてきた，政治的，経済的，文化的，そして環境に関する自由と自己決定する権利」の尊重（前文および原理 5）が必要となる．その上で，世界の複数性と価値の多様さを引き継ぐために，「わたしたちの経験と多様な文化的視点にもとづいて，社会・環境問題に関して現在世代と未来世代を教育すること」の必要性も謳われている（原理 16）．こうして，個人単位の不正義の是正ばかりではなく，集団・コミュニティにおける環境正義の実現を念頭において議論が進められる（前文）．

6　マテリアルもなかったことにするような構築主義的立場と同一である必要はない．そこに岩やら他の生きものの身体やら，マテリアルなものはあっても，それを把握する現実は複数ありうる，ということである．

第 4 章　環境正義がつなぐ未来

　四つめの特徴は，多元的な価値体系をもつ個人・集団にとって，自然（Mother Earth）との相互依存的な関係性が，集団の多様性や固有性を支える上で不可欠な要素であることが明記され，自然が個人・集団，両者の存在論的基盤として位置づけられていることである．そして，被害や不正義的状況からの回復過程において，土地を取り戻し，自然とのスピリチュアルな相互依存性の再構築すること，自然についての，わたしたち自身を癒やし，取り戻すためのわたしたちの役割についての，それぞれの文化，言語，信仰を尊重することの重要性が明記されている（前文）．また，人間と人間以外の生きものにとって持続可能な地球であるために，土地と再生可能な資源の倫理的でバランス良く，かつ責任ある利用を要求する（原理 2），一人の消費者として，自然資源をできるだけ少なく消費し，できるだけ少ないゴミ産出に抑えるような選択をし，現在及び未来世代のために自然世界が健康で在り続けられるよう，わたしたちの生活様式を変えて，その中での優先順位を考え直すことを求める（原理 17）ことも記されている．

　環境正義におけるこのような自然に対する態度と実践的倫理規範の構築を求めようとする思想は，人間中心主義からの脱却を求める従来の自然保護思想と，環境正義のあいだの関係性を考えると非常に重要である．なぜならば主として社会正義の実現を求める環境正義と，人間と同様に尊厳を持つ存在としての自然に対する正義（ecological justice）の実現を求める自然保護思想は，「平行する相容れないパラダイム」として，異なる言説を相互に繰り出し，対立してきた経緯を持つからだ（Dryzek 1998; Schlosberg 2007）．「自然に対する正義」とは，自然および人間以外の生命を人間と同様の道徳的共同体の一員とみなし，破壊や人間活動による急激な変容を不正義とみなす考え方である．その根底には，自然の保護やよりよい状態を持続できるよう配慮する生態系の維持を何よりも優先すべきことと位置づけ，人間も他の生きものと同様に生態系維持のためのルールや規範に従うべきとする生態系中心主義（ecocentrism）や，人間以外の生命も人間と同等の道徳的共同体と等しく見なし，生命の尊厳を持つものとして扱うべきとする生命中心主義（biocentrism）がある．端的に言えば，他の生命と同じ生態系の一員でしかない人間は，そのことをよく認識し，生態系の維持のためのルールに従うべきである，という思想である．

第Ⅰ部　災後の環境倫理学

　これに対し，「環境正義パラダイム」側は，自然に対する正義の貫徹は，「結局誰がその案の犠牲になるのか」を問わないままの人口削減案や，自然資源利用の歴史的経緯や多元性を考慮に入れずに，一方的な自然資源利用の禁止や統制を正統化し，新たな社会的不正義を生むと批判してきた．他方，「自然保護パラダイム」側からは，経済的・政治的補償の拡充を中心に，人間の間の分配的正義の実現をもっとも優先的な課題とする環境正義は，自然に対する正義の実現どころか，職や労働環境の確保などを理由に開発主義を後押ししかねないと批判されてきた．もちろん，運動を支える担い手たちの社会・経済的立場の違いも，これら両者を「平行する相容れないパラダイム」としてきた要因であろう．シエラクラブなど，白人中間層や富裕層を中心に自然保護活動を行ってきた歴史を持つ自然保護団体と，人種的・エスニックマイノリティや，白人低所得者層が中心となってきた環境正義運動の相克はよく知られる事実である（Shrader-Frechette 2002; Schlosberg 2007; Armstrong 2012）．

　しかし，『環境正義の原理』で示されているのは，「自然保護パラダイム」とは異なるかたちの「自然に対する正義」である．区別するため，便宜的に「環境に対する正義」と呼んでおこう．この「環境に対する正義」では，まず，個人および集団の存在論的基盤として自然が明確に位置づけられている．自然は自律的存在である他者なる自然（だからこそ Mother Earth と称されるのだ）であり，人間の社会文化的多様性と多元的価値体系の源である．ゆえに環境正義は，自然の神聖さ，生態学的全体性，あらゆる種が相互依存的であること，生態系破壊から自由である権利を認める（原理1）．そして，これらを尊重するために，持続可能な資源利用とオルタナティブな生産消費構造を作り出すことの重要性が述べられている．環境正義の諸運動がこのような思想に行き着いた背景には，社会的不正義をひきおこし固定化してきた社会構造と，人間・非人間の生命を脅かし，現在世代及び未来世代の豊かな資源利用の可能性も脅かす原因となった社会構造とは共通している，という経験的な認識がある．それは，構造的差別と構造的不正義の相関性への気づきでもあるだろう．植民地主義，多国籍企業による市場利益優先の経済活動，軍事活動などが具体的に批判の対象とされているのは，実際に環境不正義のただ中にある人びとにとって，それらが人種やエスニシティなどに起因する差別─被差別関係を固定化し，限られ

た選択肢しか目の前にない状況を構造的に生み出してきた原因だったからだ. もともと, 自然に対する支配と人間のあいだの支配—被支配関係の構造的な相関は, 環境思想の中で繰り返し指摘されてきたことでもある (Bookchin 1982; マーチャント 1980 = 1985).

「自然保護パラダイム」の「自然に対する正義」とこの環境正義における「環境に対する正義」が大きく異なるのは, 具体的な不正義の現実が認識された上で, その是正を求めようとした結果としてこの「自然に対する正義」に辿り着いていることである. 構造的な差別と構造的正義のこの点について, 次の節で, 少し具体的な事例から考えてみよう.

3 どのような正義が必要なのか
——環境正義と共に未来を作るために

環境正義について考える上で重要なのは, 環境正義が必要となる場面を考えながら議論を進めることである. 注意したいのは, 市場を介して財の再分配が能力に応じて公正になされる, という議論は, 正義に関する議論の一部ではあるが, 環境正義の場合は, むしろそれがうまく働かない不正義から出発せざるをえないという現実があることである.

図1は, たとえば核廃棄物の中間貯蔵施設や最終処分場, ゴミ処理施設のような, 巨大迷惑施設の建設と運用に関わって必要な環境正義について, その一連の過程に対応する正義を並べたものである. 前項においてまとめた,『環境正義の原理』にみられるさまざまなかたちの正義が図には見いだせよう. このようにひとつながりの中で考えてみると, 環境正義を構成するさまざまな正義についてわかりよい. もちろん, 巨大迷惑施設のようなものを「作らない」というのが,『環境正義の原理』が示してきたように, 環境正義を考える上ではもっとも重要な選択肢である[7]. 予防原則にもとづいてその判断をすることが求められる. だが現実として, すでに原子力発電所が稼働している以上, あるいはゴミ処理施設が稼働している以上, その負担を考えざるを得ないのも事実で

---

7 第3章の「漸進的最適化」をめぐる議論も参照のこと.

第Ⅰ部　災後の環境倫理学

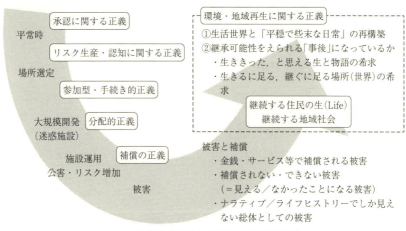

図1　迷惑施設立地と環境正義（著者作成）

ある．予防原則による被害・リスクの生産・実現化防止が重要であることを十分に認識した上で，ここでは話を進めていこう．

　複数の正義は，互いに補完しあったり，分かちがたく連続していたりする概念である．

　前述したクリスティン・シュレーダー＝フレチェットは，この「分かちがたさ」に着目して，正義に関する原則を提案した．彼女は，移民や先住民などマイノリティへの寄与を念頭に議論をしてきた政治哲学者アイリス・マリオン・ヤングの議論を参照しながら，分配的正義と参加型正義の両者を併せた「疎明な政治的平等の原則（the principles of Prima Facie political equality）」を提案した．環境リスクの生産・認知は社会文化的である．ゆえに，リスクの生産から認知，分配まで，どの意志決定過程の段階で，誰がその環境リスクについて認知可能な主体として社会に現れているのかにより，環境リスクの分配は大きくその様相を変えることになる．特に，リスクの生産段階の意志決定過程（少なくとも，生産されるかもしれないリスクを予想し，その生産について政治的に意志を表明できる過程）への参加はとても重要である．その意味で，分配的正義は参加型正義と分けがたく結びついているのである．

　この原則を考えるにあたり，シュレーダー＝フレチェットは，政治哲学者のマイケル・ウォルツァー[8]による次のような指摘も重視する．つまり，分配的

第 4 章　環境正義がつなぐ未来

正義問題については，ある特定の財の配分に関する不平等を是正することよりも，支配を生み維持する構造と手続きに関する不正義の是正こそが大切だ，という指摘である．ウォルツァーは，財の自律的な配分原理を非常に重視した．A という財の配分原理が越境し，B という別の配分原理が働くべき領域までも，その配分原理のもとに支配されてしまうことを危惧した．そして，既にある支配を支える構造と手続きを変えることは難しいが，少なくとも構造と手続きに関する意思決定過程から参加することで，少しでも新しい変化をもたらすことができるのではないかと主張する（Shrader-Frechette 2002: 27）．この点は，前述したヤングが，構造的に不正義や差別を生む社会の仕組みと過程そのものを変革することこそ，過去遡及的にのみ責任を問うのではない，未来志向的な正義を実現することなのだと指摘したことと重なる（ヤング 2014: 144）．そのためには，リスクの生産や認知という分配の手前の段階から，政治的意志決定過程への参加がなされていなければならない．分配的正義と参加型正義は地続きのものとして考えられねばならないのである．

　政治的意志決定過程の進め方や，参与・意思の表明の仕方など，政治的な手続きにおける正義も重要となる．そのために，機会と財の公正な分配のルールがきちんと機能することを保障する正義として，手続的正義が必要なのである．総じて，ある程度おこることが自明な主題について，あらかじめ参加しながら政治的意志を発揮し，他者に示すという参加型正義と手続的正義は，分配的正義と同じ重さで求められよう．

　また，参加型正義や手続的正義の前段階として，その人・集団の参加が当該社会に想定されるかどうか，が重要である．すなわち，予定される個人や集団の社会における存在の現れ，承認の政治が重要な要素となってくる．政治的にその存在がみえていない，承認されていない人びとは，そもそもその段階に参加できないからだ．『環境正義の原理』において，先住民社会のホスト社会である米国連邦政府から法律的にも，実体としても「みえる存在」であることを求める原理があった（原理 11）．その理由は，先住民にとって，社会の中で

8　ウォルツァーは，財の持つ社会的意味に応じて自律的配分の原理があると主張し，単一の平等ではなく，それぞれの配分の原理を組み合わせ，平等をはかることを複合的平等と呼んだ（ウォルツァー 1983＝1999）．彼の議論は多元的な分配正義論と称される．

第Ⅰ部　災後の環境倫理学

「みえない存在」として政治的にも制度的にも不可視化されてきたという暴力からの回復こそが，重要だからである．「内なる植民地化」のなかで，法制度上も絶え間なく不可視化にさらされてきた先住民たちが何よりも必要としたのは，まずは承認されること，政治の場に現れ出ることであった（内田 2008）．よって，承認に関する正義は，参加型および分配型正義の具体的実践に先んじて実現されていなければならない．

　さて，互いの正義に連続性があることを踏まえた上で，もう少し具体的に，図１にそって迷惑施設に伴う環境リスクと正義について考えてみよう．これまでの議論で明らかなように，その立地の段階で，承認に関する正義がまずは必要である．人種やエスニシティにとどまらず，経済的な弱者，社会的弱者も政治的に不可視化されやすい．そのため，事業者や行政側が法制度上や運営上設ける，政治的意志決定過程に存在を現すことができない．承認に関する正義については，立地がもちあがる前段階から社会のなかで取り組んでおくべき正義であろう．

　また，リスク生産・認知に関する正義もまた，立地などが持ち上がる平時から実現する努力を社会で要する正義である．リスクは社会文化的に構築されるものでもあるが，同時に，すでにリスクに関する第１章で述べてきたように，現代社会においてリスクは，高度な専門知を必要とする場合が多い．同時に，たとえ高度な専門知を擁しても，気候変動のように科学的不確実性に向き合わねばならないことから，リスクは常に人間にとって「非知」なものでもある．なおかつ，現代社会のリスクの特徴は，リスク自体は個人ではもはや制御も現実化した被害への対処もまかなえないものであるのに対し，リスク自体は個人化し，自己責任のもとでの制御をそれぞれが求められるという矛盾にある．このようなリスクについて，どのように科学技術やリスクそのものに対する知識のギャップを埋められるよう，リスク・科学コミュニケーションを設けるかが重要になる．しかし同時に難題も待ち受ける．既に福島第一原発事故の際に明らかになったように，このようなリスク生産と認知のギャップを埋めるためのはずのリスクコミュニケーションは，「安心」をイデオロギーと共に権力性の高い側から低い側へ降ろす役割に転用されうる（島薗 2013; 丸山 2013）．だからこそ，平時からリスク生産と認知に関して，知識や知恵，知る機会，そのた

74

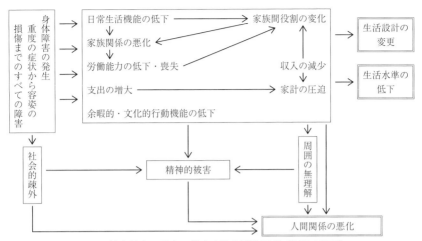

図2 健康被害の受害に始まる被害構造図式（飯島1976）

めの公正な制度および行為かどうかなど，正義が重要なのである．

　いったん迷惑施設の場所選定が始まってしまえば，参加型・手続き型正義が重要となる．他方で，どのような手続きが制度上想定されているのか，あるいは，誰に対しての説明会がどのように行われたのか．シュレーダー=フレチェットが論じたように，「手続き」として決められたものが妥当であるのか，その制度設計自体も常に批判的に確認することが重要であろう．迷惑施設の場所選定自体，その立地がはたして他の地域と比べてなぜ妥当なのか，立地という分配が公正に行われてきたかどうかが，まさにそのまま分配的正義が求められる場面である．もちろん，これまで述べてきた三つの正義は，分配的正義の運用にも関わる．

　同時に，分配的正義は，立地に対する補償についても考えられねばならない．また，施設が実際の運用を始め，その結果リスクが増大したり，リスクが実体化して被害となったりすることに対しても同様である．そのどちらの場合も，適正にリスクあるいは被害が「見いだされ」「描写され」て明らかにされなければならない．そしてそれに基づいて，補償の正義がきちんと実現されねばならない．

　しかし，実はこのことはとても難しい．残念なことに，2011年の福島第一原発事故の被害は，改めて，人びとにとっての「総体としての被害」を描くこ

第 I 部　災後の環境倫理学

との難しさを露わにした．それはそのまま，従来の分配的正義のもとでの補償，補償の正義にもなりにくい被害が多くあるということである．もともと，日本の公害研究の中で示されてきたように，被害は連鎖し増幅する傾向にあり，新しいリスクも個人・地域社会レベルで生産される．このことについては，環境社会学者の飯島伸子が，スモン公害の研究調査から構想し，後に明確に図式化した「健康被害の受害にはじまる被害構造図式」に明確に示されている（図2）．図を見ると，日常の経済的・社会的変化，家族関係の変化，地域社会からの差別的な関わりの発生と疎外など，およそその人の生活世界そのものが連鎖の中で被害を受けることがわかる．

環境経済学者の除本理史は，「ふるさとの喪失」という言葉で，損害という形で復興政策の対象になりにくい被害の側面を指摘している．一つは，近隣の住民たちの関係性や，家族をとりまく学校やスポーツ・文化活動などでえた関係性など，多様な社会関係が失われたことである．もう一つは，「人間活動の蓄積と成果の喪失」である．除本は，南相馬や飯館村での聞き取り調査を踏まえ，人と自然がながく共に在り，互いに働きかけ合いながら，多くの財を生産し，社会の中で分配しながら，また自然に働きかける過程の中に生活があったことを明らかにしていた．つまり彼の言う「人間活動」とは人間と自然の歴史的かつ物理的にも蓄積されてきた物質代謝過程のことを指す．その結果，長期継承性，地域固有性をもつ「ふるさと」として認識される社会的・物理的空間が関係性ごと喪失された．さらに，避難と帰還に関する政策の難しさは，その過程で時間と共に状況が移り変わり，それにより人びとが求める「再生」の形も大きく異なってくることにある．このような被害の全体を，環境法学者の淡路剛久は，除本と共に著した本の中で「包括的平穏生活権」の侵害だと位置づける（淡路ほか編 2015）．

環境社会学者の関礼子もまた，「原発事故がなかったら」と語られる，その人びとの生と存在の豊かさについてまず明らかにしている．山菜やキノコ採り，豊かなわき水，それらを獲ったり作ったり，そして家族や親戚，友人，近隣の住民と共に楽しむ．そうあれることの喜び，そのような暮らしを与えてくれるさまざまな人のつながりと，そうあれる自分への誇らしさ．そのような日常が，失われた「ふるさと」の中身である．関は，自己避難者，強制避難者，とどま

った人びとそれぞれの「生（life）の復興」について，政策や実際に進む復興と，人びとの「生活の時間」のズレが，被害を拡大し，連鎖を生んでいくこと，復興に向かう難しさを増幅させることを明らかにしている．そして，人びとが生活する時空間にあわせた長期間の復興支援政策の必要性と，そのような被害を生んだ社会経済構造の仕組みを復興の場から変えていく新たな復興パラダイムの必要性を主張している（関編 2015）．

除本と関に共通しているのは，人びとの物語（ナラティブ・ストーリー）から「総体としての被害」を描写し，それにより，みえる，みえない，みえなかったことになる被害の所在を同時に明らかにしていることである．

これらの議論はわたしたちに，「環境・地域再生に関する正義」の必要性を示唆する．人びとの継続する生の再生の支援は，環境・地域の再生と両立することが必要だ，という正義である．まずは，被害が社会の中できちんと「語られ」，少しでも人びとの「総体としての被害」の記述に近づこうとする努力が必要であろう．そこから，人びとの継続する生を再生しながら，同時に環境と地域，両方の再生を行っていくことが肝要であろう．なぜなら，それらは相互に支え合って互いを為しているからだ．

「環境・地域再生に関する正義」を支える正義は，ロールズ流の分配的正義ではなく，経済学者のアマルティア・センによる，ケイパビリティ・アプローチを念頭におくのがよいだろう．センの正義論は，従来の経済学と異なり，それぞれに状況づけられた人びとが，それぞれ多様であり，かつ多様な善の構想を持つ具体的な人びととして正義を希求する場にあることを出発点とする．ロールズ流の分配的正義について，センは，「誰でものぞむ」財の分配に集中しては，人間の多様性（健康状態，年齢，地域差，労働条件，体格などの差）に対する感度が鈍くなることや，物神崇拝的に財をみてしまう傾向があることを見逃してしまうと指摘する．

その上でセンが基本に据えるのは，「ケイパビリティ（basic capabilities）」，人がある基本的なことがらをなしうることの公正で平等な分配である．人びとは資源を用いて，健康であるとか，幸せを実現する，コミュニティに参加する，自尊心を持つというようなことを，「自分で為す（doing や being）」．センはこのことを機能（functionings）と呼ぶ．ケイパビリティは，これらの機能のうち，

第 I 部　災後の環境倫理学

その人が選択可能なものの集合のことで，倫理学者の川本隆史は「生き方の幅」（川本 1995）と呼んだ．センによれば，わたしたちは「社会的コミットメントとしての自由」（セン 1990 = 1991）を生きながら，「福祉的自由（well-being freedom）」（セン 1985 = 1988）を実現して生きようとする．前者の「社会的コミットメントとしての自由」とは，自由が社会により価値あるものとして積極的に尊重されるべきものであることを認める．同時に，自由が社会の関与により生まれるもの，その所産であることを意識すべきであるとする．その上で，自己利益だけを追い求めるのではなく，わたしたちは共感（他者への関心が自分への効用と結びつくことも含めて）とコミットメント（わたしたちは選好的選択には反する選択もできるし，実際にその選択をなす）を通じて，特に困窮し苦痛のなかにある他者に対する責任をもち，配慮とケアを行いうる社会を形成できる．このような人間像および社会像のなかで，センは「福祉的自由」を，みずからの選択を外から妨げられることなく，なおかつ，選択肢の創出も含めて，積極的に選択をするために活動することができることだとする．

　ケイパビリティの分配は，従来の功利主義のいう，快や欲求充足という心理的な「帰結」を対象にするのとも，ロールズのいう，生きる上での手段の財・資源の保有量を対象にする分配とも異なる．そうではなく，人間が財と効用のあいだで，さまざまな生き方を実現するために，選択可能な機能を分配するということである．それにより，人びとがみずから生きていく力をもちながら，生を生ききるために自由を実現しようと未来に向かうことができる．それは，生活世界と「平穏で些末な日常」の再構築を支えられる正義であろう．同時に，除本や関が問題化したように，生と存在の豊かさを支え，その継承可能性をえられる「事後」として生きぬくことを支える正義でもあろう．

　生ききった，と思える生と物語の希求，生きるに足る，継ぐに足る場所（世界）を作った，と思う瞬間，生きよう，と思う瞬間，次の世代に，と思う瞬間，そのようなものが積み重ねられるよう，「事後」を支えることが，「環境・地域再生の正義」が求めるものである．

　さて，これまで，環境正義について様々な正義が内包されていることをまとめながら議論を進めてきた．これからわたしたちは，さらに難しい時代に突入する．「再生のシナリオ」を，おいそれと想定させてくれない時代である．わ

たしたちは既に，グローバル経済と共に複雑化し，人間活動の影響から「新しい生態系」と共にある．「ふるさと」とはいったいどのようなものかは，このような新たな状況の中で模索する難しさも持つようになった．

水俣の自然と患者さんたちと共に記録文学者としての生を生きてきた石牟礼道子は，かつて『苦海浄土』の「あとがき」のなかでこう述べた．

　　　意識の故郷であれ，実在の故郷であれ，今日この国の棄民政策の刻印をうけて潜在スクラップ化している部分を持たない都市，農漁村があるであろうか．このような意識のネガを風土の水に漬けながら，心情の出郷を遂げざるを得なかった者たちにとって，故郷とは，もはやあの，出奔した切ない未来である．
　　　地方を出てゆく者と，居ながらにして出郷を遂げざるを得ないものとの等距離に身を置きあうことができれば，わたくしたちは故郷を再び媒体にして，民衆の心情とともに，おぼろげな抽象世界である未来を，共有できそうにおもう．その密度の中に彼らの唄があり，私たちの詩もあろうというものだ．そこで私たちの作業を記録主義とよぶことにする（石牟礼 2002）．

この文章で用いられている，「記録」ということの意味の重さを，応用倫理学のなすべきこととしての基礎を，わたしたちはくみ取ることができるだろう．環境正義もまた，目の前の現実と共にはじめるほかなく，そして，環境正義は，終わりのないプロジェクトと共に在る概念である．すなわち，それは，人びとの生やそれと共に在る人間以外の世界と，どこまでもずっとよりそい続けることを必要とする．

わたしたちはどのようにこの「おぼろげな抽象世界である未来」を，ふたたび現実の中の豊かさと希望の色を持ったものとして，引き寄せることができるだろうか．環境正義はまさに，現在の環境倫理学の要となる概念であり，実践なのである．

第Ⅰ部　災後の環境倫理学

参考文献

Agyeman, J. (2005) *Sustainable Communities and the Challenge of Environmental Justice*, New York: New York University Press.

Agyeman, J. Robert D. Bullard, and Bob Evans, (2003) *Just Sustainabilities: Development in an Unequal World*, London: Earthscan Publications.

Armstrong, A. (2012) *Ethics and Justice for the Environment*, Oxon: Routledge.

Bookchin, M. (1982) *The Ecology of Freedom, The Emergence and Dissolution of Hierarchy*, Palo Alto: Cheshire Books.

Bryant, B. and P. Mohai eds. (1992) *Race and the Incidence of Environmental Hazards*, Boulder, Westview Press.

Bullard, R. D. (1990) *Dumping in Dixie*, Boulder, Westview Press.

Bullard, R. D. (1994) *Unequal Protection: Environmental Justice and Communities of Color*, San Francisco: Sierra Books.

Bullard., R. D. and B. Wright (2012) *The Wrong Complexion for Protection: How the Government Response to Disaster Endangers African American Communities*, New York: New York University Press.

Commission for Racial Justice (1987) *Toxic Wastes and Race in the United States*, New York: United Church of Christ.

Dryzek, J. S., (1998) *The Politics of the Earth: Environmental Discourses*, Oxford: Oxford University Press.

Fraser, N. and Axel Honneth (2003) *Redistribution or Recognition? A Political-Philosophical Exchange*, London: Verso（＝2012，加藤泰史監訳『再配分か承認か？：政治・哲学論争』法政大学出版局）.

Geiser, K. and G. Waneck (1994) "PCBs and Warren County," in Bullard, Robert D., (1994) *Unequal Protection: Environmental Justice and Communities of Color*, San Francisco: Sierra Books: 43–52.

Merchant, C. (1980) *The Death of Nature: Women, Ecology, and the Scientific Revolution*, New York: Harper and Row.（＝1985，団まりな，垂水雄二，樋口裕子訳『自然の死：科学技術と女・エコロジー』工作社.）

Pulido, L. (1996) *Environmental and Economic Justice: Two Chicano Struggles in the Southwest*, Tucson: University of Arizona Press.

Schlosberg, D. (2007) *Defining Environmental Justice*, 2nd ed. 2009, Oxford: Oxford University Press.

Shrader-Frechette, K. S. (2002) *Environmental Justice: Creating equality, reclaiming democracy*, Oxford: Oxford University Press.

淡路剛久，吉村良一，除本理史編（2015）『福島原発事故賠償の研究』日本評論社.

石牟礼道子（2002）『苦海浄土』講談社（1969 年初版発行，1972 年改訂版）.

飯島伸子（1976）「わが国における健康被害の実態」『社会学評論』26(3) 頁.

ウォルツァー，M. 山口晃訳（1983＝1999）『正義の領分：多元性と平等の擁護』而立書房.

内田綾子（2008）『アメリカ先住民の現代史：歴史的記憶と文化継承』名古屋大学出

版会.

川本隆史（1995）『現代倫理学の冒険』創文社.

島薗進（2013）『つくられた放射線「安全」論』河出書房新社.

シュレーダー＝フレチェット，K. S. 松田毅監訳（1991＝2007）『環境リスクと合理的意思決定：市民参加の哲学』昭和堂.

関礼子編（2015）『"生きる"時間のパラダイム：被災現地から描く原発事故後の世界』日本評論社.

セン，A. 川本隆史訳（1990＝1991）「社会的コミットメントとしての個人の自由」『みすず』1991年1月号：68-87.

セン，A. 鈴村興太郎訳（1985＝1988）『福祉の経済学：財と潜在能力』岩波書店.

丸山徳次（2013）「「信頼」への問いの方向」『倫理学研究』43：24-33頁.

ヤング，I. M. 岡野八代，池田直子訳（2011＝2014）『正義への責任』岩波書店.

除本理史（2016）『公害から福島を考える：地域の再生をめざして』岩波書店.

ロールズ，J., 川本隆史，福間聡，神島裕子訳（1999＝2011）『正義論　改訂版』紀伊國屋書店（1971年原書初版発行）.

郵 便 は が き

恐縮ですが
切手をお貼
りください

112-0005

東京都文京区
水道二丁目一番一号

勁 草 書 房
愛読者カード係行

（弊社へのご意見・ご要望などお知らせください）

・本カードをお送りいただいた方に「総合図書目録」をお送りいたします。
・HP を開いております。ご利用ください。http://www.keisoshobo.co.jp
・裏面の「書籍注文書」を弊社刊行図書のご注文にご利用ください。ご指定の書店様に
　至急お送り致します。書店様から入荷のご連絡を差し上げますので、連絡先(ご住所・
　お電話番号)を明記してください。
・代金引換えの宅配便でお届けする方法もございます。代金は現品と引換えにお支払
　いください。送料は全国一律100円 (ただし書籍代金の合計額 (税込) が1,000円
　以上で無料)になります。別途手数料が一回のご注文につき一律200円かかります
　(2013年7月改訂)。

愛読者カード

60305-3　C3036

本書名　**未来の環境倫理学**

ふりがな
お名前　　　　　　　　　　　　　（　　　歳）

ご職業

ご住所　〒　　　　　　　　　お電話（　　　）　　―

本書を何でお知りになりましたか
書店店頭（　　　　　　　書店）／新聞広告（　　　　　　新聞）
目録、書評、チラシ、HP、その他（　　　　　　　　　　　）

本書についてご意見・ご感想をお聞かせください。なお、一部を HP をはじめ広告媒体に掲載させていただくことがございます。ご了承ください。

◇書籍注文書◇

最寄りご指定書店

市　　町（区）

書店

（書名）	¥	（　　）部
（書名）	¥	（　　）部
（書名）	¥	（　　）部
（書名）	¥	（　　）部

※ご記入いただいた個人情報につきましては、弊社からお客様へのご案内以外には使用いたしません。詳しくは弊社 HP のプライバシーポリシーをご覧ください。

第Ⅱ部　未来の環境倫理学

【イントロダクション】

　第Ⅰ部「災後の環境倫理学」では，震災と原発事故という現実に対する環境倫理学からの応答が試みられた．それに対して，第Ⅱ部「未来の環境倫理学」は，人間と環境との関係が21世紀に入って新しい段階に入ったことをふまえ，新しい環境倫理学の姿を理論的に検討することを課題とする．

　環境倫理学は，もともとその源流となったアメリカ自然保護思想が哲学・倫理学史の主流とは全く異なるところから展開してきたこともあり，狭義の哲学・倫理学とは別個の理論系列として独自に発展してきた面がある．例えばミューアとピンショーによる自然中心主義と人間中心主義，保護と保全の対立からして，西洋哲学における自然哲学研究どころか，ヘッチヘッチー渓谷へのダム建設を巡って，自然を守るとはどのようなことなのか，が現実問題として争われた．レオポルドにしても，森林局の職員として働く中で「土地倫理」を構想した．つまり，環境倫理学は徹底的に現場から始まっている学問なのである．それは本書序章や第8章第2節で言及される，1990年代以降の日本の環境倫理学にしても当てはまる．原生自然概念の無造作な適用を退け，人間と自然との相互作用によって歴史の中で長い時間をかけて形成されてきた「里山」についても，フィールドワークからの発見が学際的な里山研究と結びついて環境倫理学の形をとっている．

＊

　それに対して，第5章の熊坂元大の論文は，環境徳倫理学を原理的に考究するにあたって，徳倫理学のみならず義務倫理学，功利主義倫理学という倫理学本流の基本的問題構成からアプローチする．すなわち，自然が道徳的に内在的な価値を持つがゆえに，その価値こそが功利主義であれ義務倫理学であれ善悪，正不正の規範根拠となると考えられる．とはいえ，もしこうした道徳が正しいものであったとしても，例えば私たち全員が肉食を放棄するわけではない．また逆に，人間以外の自然に対して内在的価値を認めない者が，自然を保護するための方便として内在的価値の議論を利用することもある．

　内在的価値の議論を突き付けられた際に人々が示す様々な反応から帰結するこのなんとはなしの割り切れなさは，自然の権利訴訟をはじめとして，環境保護を考えるうえでついて回る問題である．熊坂はこのような環境倫理学理論と市井の人々が実際に

第Ⅱ部　未来の環境倫理学

自然と取り結ぶ関係との乖離を極めて丁寧に解明する．だが，この乖離を越えたところに，果たして環境倫理はあるのだろうか．

　第5章の主題の環境徳倫理学はこうした問題意識の上にある．ポイントは従来の内在的価値の議論が倫理的対象にフォーカスしていたのに対し，環境徳倫理学が自然環境と関わる主体の望ましい性格にフォーカスする点である．熊坂の論述は，徳倫理学の基礎を十分にわきまえつつ，従来の環境倫理学の様々な学説と丁寧に対話してゆく．そして，主体の問題は主体だけを考えるのではなく，内在的価値の議論をより精緻にすることを求める．主にG.EムーアとA.レオポルドの議論を手掛かりに解明される環境徳倫理学における内在的価値の性質と，それが今後の環境倫理学にもたらす可能性が第5章の核心である．

＊

　第6章の山本剛史論文では，ハンス・ヨナスの『責任という原理』に記されている「未来倫理」が持つ環境倫理学に対する貢献の可能性が論じられる．ヨナスは，生命倫理学の黎明期以降，その立役者であるカラハンやラムジーらと関わりはあったが，キャリコットやロールストンといったような環境倫理学者との交流は定かではなく，いわゆる自然の「内在的価値」に関する議論はしていない．一方で，ヨナスの未来倫理は自らが第二次大戦後に編み出した自然哲学を土台にして書かれている．例えばヨナスの自然哲学の特徴としてよく取り上げられるのは，有機体そのものに自由が内在しており，その自由は新陳代謝によって証される，というものである．石ころのような物とは違って，新陳代謝することで世界に依存しつつ，しかし外部世界とは異なるものとして独立していると言える，というわけである．だが，ヘーゲルの自然哲学において，既に新陳代謝は生命の特徴としてきちんと取り上げられているのである．であるならば，ヨナスが倫理学において前提する「自然」はどこが独自のものなのか，が，思想史的に解明されなければ，その未来倫理は過去の倫理学の亜流に過ぎず，本書が論じる21世紀の状況に対応できない過去の遺物ということになるだろう．第6章ではそれに異を唱え，ヨナスが独自の自然哲学を論じていたこと，かつそれを踏まえることがヨナスの「未来倫理」の理解に不可欠であることを論じる．

　また特筆すべきは，ヨナスが独自の時間概念に基づく時間的広がりを配慮する倫理学を導出していることである．私たちは機械的に計時可能な一つの時間を生きているのではなく，個人的，あるいは集団的行為が生み出す重層的な時間を同時に生きてい

イントロダクション

る．そしてその時間は，行為主体（個であろうと集団であろうと）の世界からの退場によって完結することなく，続いていく．このことは，私たちが当事者として責任対象に途中までしか関われないことを意味する．このようにヨナスが解明する人間の時間性は，現在世代と将来世代とをシームレスに包括して環境倫理学を考えねばならない現代において，基本的な視座となるものと考えられる．

この責任の審級をヨナスは「人間という理念 Idee des Menschen」に求める．これは『責任という原理』末尾で「似姿 Ebebbild[1]」と言われているものに等しい．また審級であると同時に，それ自身責任の第一の対象でもある．ヨナス倫理学の解釈において，こうした理念の本質的な無規定性を強調し，それゆえの未来倫理の困難と限界を指摘する向きもある[2]．しかし，本文中でも述べられるヨナス倫理学の時間解釈を踏まえれば，私たちのなす行為の帰結によって将来世代の滅び，あるいは生存条件の不可逆的な毀損がありうると分かっていて，そのことを放置する場合，私たちは滅びや毀損を是とする人間であり，そのように人間の理念を損ねて将来世代へと伝えていることになる．理念の無規定性は理念を損ねる可能性から逃れられないと同時に，私たちが環境に配慮することを通して，人間という理念を私たち自身の手で継承的に刷新しつつ次世代以降に延べ伝えていく道もまた開けているという意味に解されねばならない．後者の道を歩くことは，それ自体が文明と人間像の内容を大きく規定してゆくものではないか．

＊

ところで第 6 章で後述されるヨナス未来倫理の定言命法には，附則ともいうべき記述がある．「政治的指導者が運命のときに際会し，彼の一族，彼の都市，彼の国家の存続全体を危険にさらすとする．この場合でも指導者は，仮に自分たちが滅亡しても人類と生物界とはその後も地上に存在し続けるだろうことを承知している．こうした大前提の下でだけ，個々の大きな冒険も，極端な場合には道徳的に擁護可能なものとなる」[3]．

1　Vgl., Hans Jonas, *Das Prinzip Verantwortung*, Frankfurt am Main, 1979, S. 392 f. 邦 訳 ハンス・ヨナス『責任という原理』（加藤尚武監訳），東信堂，2000 年，387 頁以下参照．

2　戸谷洋志「人間像と責任──ハンス・ヨーナスにおける人間学」『倫理学年報』（第 65 集）日本倫理学会，2016 年，188 頁以下参照．

3　Jonas, S. 80. 邦訳 65-66 頁．

第Ⅱ部　未来の環境倫理学

　つまり，地方自治体や国家のレベルまでであれば，最悪を避けるためにのみ全体を賭けることは認められるが，逆に人類全体を危機にさらすことは，いかなる理由であっても許されないとするのである．このような点からヨナスの倫理学は，人類に対する帰結が不確実な行為を，予防的に禁じるという性質を持っていると言って差し支えなかろう．

　ところが第 7 章で桑田学が取り上げる「気候工学」は，このヨナスの「未来倫理」と真っ向から対立するように見える．地球温暖化に対して緩和策でも適応策でもなく，全地球規模で工学技術的に気候の改変を行おうというのである．桑田が気候工学について倫理的に検討する際に主に取り上げる技術は，「成層圏エアロゾル注入」（SAI）である．太陽入射光の反射率を高めることを通して，地球全体の気温上昇を抑えようというのである．なぜ気候工学が取りざたされるかと言えば，緩和策や適応策が手遅れになった際の気候大変動を抑えるための「予防―先制的措置」としてであると桑田は指摘する．本文中にもあるガーディナーの言葉を引けば，気候工学とは予測される「気候のカタストロフィ」と比べて「まだましな悪」なのだという．

　この気候工学の議論の重要性は，気候工学それ自体に限定されない要素を持っている．「環境と開発に関するリオ宣言」第 15 原則は一般的な予防原則の国際法であるが，「完全な科学的確実性の欠如が，環境悪化を防止するための費用対効果の大きな対策を延期する理由として使われてはならない」[4] とあり，気候工学に様々なデメリットが予測されたとしても，費用対効果が大きければむしろ後押しするような記述である．また，予防原則概念をより市民寄りに発展させたと考えられるウィングスプレッド声明（1998 年）は，やはり科学的な因果関係の立証ができていなくても，予防的措置をとることを義務付けている．リオ宣言との違いは，立証責任が行為者側にあることを明記した点である．つまり，過去においては事実上危害を被る側が有害であることを立証せねばならなかったのに対し，ウィングスプレッド声明を読むと，科学技術を行使する側に，無害であること，あるいはリスクがメリットよりも小さく，しかもそのリスクは充分に受け入れ可能であることを立証する責任があると解釈できる．

　まさにウィングスプレッド声明の精神に則る場合，気候工学を推進し SAI を実施

4　訳文は大竹千代子，東賢一『予防原則』合同出版，2005 年，45 頁に従った．なお，ウィングスプレッド宣言についても，同書 80-81 頁を参考にした．

イントロダクション

しようとする側（国家だろうか，国連だろうか）はその有効性が副作用をはるかに下回ることを立証する責任を負う．また，ウィングスプレッド声明は予防原則適用プロセスがすべてのステークホルダー（この場合は全地球人であろう）に開示され，なおかつステークホルダーの参加へと開かれていなければならないとする．しかし，桑田は本文中で SAI の推進者で「人新世」という語の生みの親であるクルッツェンらが主張する「気候のカタストロフィ」論について，人為的な気候変動がポイント・オブ・ノーリターンをこえたという意味のカタストロフィ予測が，実は緩和や適応に向けた政治的調整が失敗したという諦念と不可分的に結合していると指摘する．ほかならぬウィングスプレッド声明は世界中の人々の参加を伴う透明性の保証された高度なガバナンスを要求するが，そのガバナンスがうまくいかない，という実績が SAI の導入の根拠づけになっているというのである．ガバナンス不全の状況で気候工学を全地球規模で導入した場合に予想される不正義について，桑田は説得的に論じている．

　ここでの倫理問題は行き過ぎた科学技術の使用，利用を止める，あるいは抑制するかどうか，ではなく，行き過ぎた科学技術の使用による悪影響を防止するために別の科学技術をもって介入するべきか否か，というものである．それも局地的ではなく，全地球規模の話である．予防原則とは何か．予防原則は，危害を防ぐために，別の危害が予想される技術による介入を認め，推進することを認めるのだろうか．あるいは，ヨナスの未来倫理はカタストロフィの予測が具体的になった段階でも通用するものなのだろうか．人新世の，未来の環境倫理学は，全く新しい学問になってしまうのだろうか．

＊

　第 8 章の福永真弓論文では，表題の通りに人新世時代の環境倫理学がどのようなものでありうるかについて考察される．まず，そもそも「環境」概念自体が，アメリカ自然保護思想の鍵概念であった「原生自然」にとどまらない内容を持っていることを，福永は環境概念の発祥から国連の「持続可能な開発目標」までを包括的にたどって示している．

　また，これまでの環境倫理学の議論の系譜についても，丁寧にまとめている．環境プラグマティズムや日本の「里山」に着目する独自の環境倫理学の議論においては，自然と人間の二項対立をいかにして乗り越えるかが一つの目標になっていた．両者は「環境」を自然と人間の相互関係，協調の総体としてとらえることと，倫理的価値の

87

第Ⅱ部　未来の環境倫理学

一義性，普遍性を放棄し，ローカルな環境のステークホルダーによる合意形成プロセスを通してその都度決定されるべきと考える点で共通している．そして，環境倫理学はその合意形成の場を用意する役割を担うのだ，とされる．

　こうして，第8章のタイトルからして，一見ただ単純に'新しい環境倫理学'へ過去を捨ててのめり込んでいきそうな福永は，実は誰よりも環境倫理学の王道を踏まえている．だからこそ，現在の多岐にわたる「環境」をめぐる諸学に対し，環境倫理学という視座から横断的な議論を展開できるのである．

　さて，環境倫理学はこれからどのような方向へ進むことが考えられるのだろうか．その前提になる新しい「環境」記述を，福永はシステム論的記述，ローカルからの環境記述，そしてポストヒューマン，マルチスピーシーズという看板を掲げる非人間中心主義的な記述の三つに分けて論じていく．その際に福永が強調するのは過去の環境倫理学における，人間中心主義と非人間中心主義の対立が，全く新しい形で復活しているということである．例えば，システム論的な環境記述に基づく生態系の「順応的管理」（例として気候工学や，生態系の「再野生化」などが挙げられる）において人間は自然を再び対象化している．これは環境プラグマティズムが批判した，ピンショー以来の「強い人間中心主義」の復活を意味する．その「強い人間中心主義」を乗り越えるために，福永は「ローカルからの環境記述」を位置付けている．これは文字通りローカルな民衆知を学際的に組み上げて知の体系を築くことを目指している．この「ローカルからの環境記述」がある意味で人間中心主義的であることを福永は否定しないが，「ローカルからの環境記述」を通して科学的合理性だけでなく社会的合理性をも評価し，民主的なガバナンスの具体化と実践につなげることを目指しているとする．

　以前は非人間中心主義的な環境倫理学とは（異論はあるものの）レオポルドの土地倫理や，ネスらによるディープ・エコロジーだった．一方で，環境を人工物と自然物の総体として見るなら，その総体の中の構成者の一つとして人間を位置付ける「アクター・ネットワーク・セオリー」（ANT）や「物的記号論」も非人間中心主義的な環境倫理学と解し得ると福永は指摘する．こうした指摘は類書に例がない．ANTは例えば村田純一が「技術の哲学」として一連の著作において日本に紹介してきた経緯がある．技術の哲学と環境倫理学は元来，問題関心において重なり合うところが多い．村田は19世紀までの技術革新が生産手法の革新だったのに対し，20世紀以降の技術革新が日常生活そのものを直接革新してしまうと主張する．つまり，技術が私たち

イントロダクション

の生き方そのものにより深く浸透し，変えていくというのだ[5]．私たちの環境を考える
うえで「人工物」をその範疇に入れざるを得ないと認めるならば，変わりゆく環境に
対応するための環境倫理学として ANT や「物的記号論」を位置付けることもまた可
能になる．

　では，技術の哲学にない，環境倫理学ならではの問題意識を ANT や「物的記号
論」に読み込んでいくことは可能だろうか．福永はこの課題に，E. コーンの著作を
手掛かりに挑んでゆく．読者は，福永のタフで緻密な筆致をたどることを通して，新
しい環境記述に基づく非人間中心主義的な環境倫理学の観点から，逆に人間そのもの
が問い直される事態にまで導かれるだろう．それはつまり，環境倫理学の原点の問い
である．その意味で，本書における「未来の環境倫理学」は，最先端の試みであると
ともに環境倫理学の王道を歩むものでもある．

[山本剛史]

5　村田純一『技術の哲学』岩波書店，2009 年，4 頁以下参照．

第5章 多様性の環境倫理に向けた
環境徳倫理学の理解

熊 坂 元 大

1 はじめに

　自然環境を私たちが必要とする最大の理由は，それが私たちの生存の基盤だからである．とはいえ，私たちが自然を必要とするのは，生物として自然環境に依存しているからだけではない．天然の資源とそこから生み出されるさまざまな物質や製品は私たちの経済活動を支えており，美しい景観は観光産業の主要資源の一つでもある．さらに，静謐な山林や滝は単なる観光資源を超え，聖域や宗教的シンボルとして，より深い文化的な意味も持ちうる．身近な緑地や河川もさまざまな文化的活動の場を提供し，身の回りの生き物たちとの触れ合いは私たちの生活を豊かなものとする．事実，多くの文化や生活様式はその土地の気候や生態系がなければまったく異なる形態をとっていたか，そもそも生まれてすらいなかっただろう．さらに，その環境に生息する動植物は，食料をはじめとする多様な役割を担って生活を彩る．

　このように私たちの生と多様に関わる自然環境であれば，それを保護する理由もまた多様なものであることは明らかであるように思われる．しかしながら，環境保護の道徳的な理由となると，倫理学者たちはかなりの期間，あたかもそれが一つしか存在しないかのように，そしてその唯一の理由はなんであるかということを巡って，議論してきたと言えるふしがある[1]．

1　この一文で道徳と倫理という言葉の両方が使われているが，二つの言葉の意味はギリシャ語の語源まで遡ると違いがみられる．しかし両者はラテン語に翻訳されたときには同じ一つの単語があてられており，今日でも多くの場合，（倫理学研究者のあいだでも）同じ意味で用いられている．本稿でも，両者を同義語として扱い，どちらの語を用いるのかは，

第Ⅱ部　未来の環境倫理学

　このことを批判的に指摘したのは，環境プラグマティストのライトとカッツである（Light and Katz 1996: 1-3）．本稿は環境徳倫理学（Environmental Virtue Ethics，以下では EVE と表記する）が，環境倫理学の今後にどのように貢献できるかについて論じるが，徳倫理的アプローチがそれ以前の環境倫理学の理論にとって代わるものだと主張するものではなく，人間中心主義か非人間中心主義かという環境倫理の神学論争に踏み込むつもりもない．むしろ環境倫理学の諸理論は，人間と環境の多様な関係のなかで，私たちがその時々にどの関係性に着目しているのかに応じて，保護に取り組むためのもっともな理由をその都度，提示するための協働関係にあるべきなのだ．

2　環境保護のためのもっともな理由

　マイケル・ストッカーは徳倫理学の基本文献の一つと見なされている「現代倫理理論の統合失調症」において，現代の倫理学が動機を検討し損なっていると問題提起した（Stocker 1976，邦訳 2015）．この論文の冒頭でストッカーは，現代倫理学の理論が「理由や価値，正当化の根拠ばかりを扱っている」と批判的に述べ，動機について取り組むべきであると主張している．ただし，その直後に「少なくとも，私たち自身にとって重要な価値によって動かされるべきであり，自身の主要な動機が求めるものに重きを置くべきである」とはじめに問題視していた価値への取り組みを肯定するかのように論じていることから判断すると，ここで挙げられている理由や価値などのカテゴリーはさほど厳密なものではないようだ．ストッカーの批判は，倫理学が行為の正・不正の基準を明らかにすることだけに取り組んでいる点に向けられていると解釈するのが適切であるように思われる[2]．

　ここでストッカーが念頭に置いているのは，言うまでもなく功利主義と義務論である．功利主義とは，行為や行為規則は全体の功利（快や選好充足などがこれにあたる）の総量を増やすときに善く，減らすときには悪いとする考えである．つまり，行為がもたらすその結果によって，善悪が判定される帰結主義

　一般的な慣習や語感に従った．
2　本稿では動機を含むものとして，理由という言葉を用いる．

の理論である．それに対して義務論は，その名の通り，道徳的な行為をそれが
もたらす結果に関わらず果たすべき義務だと考える．たとえば嘘をつくことが
道徳的に認められないのは，そうすることで個人や社会が利益を失うからではなく，ひとえに「嘘をついてはいけない」という道徳的義務に違反しているからである．

　これらの倫理学理論が環境保護の文脈においてどのように用いられてきたかは，すでにさまざまな文献で繰り返し紹介されてきた．自然が持つ道徳的な「内在的価値 intrinsic value」（以下，道徳的内在的価値）を損なうことは不正であるとする議論は，倫理学の分野では一般に，非人間中心主義の議論の一種だと見なされている[3]．本稿はこの議論に深く立ち入って検討することを目的としていないが，上述の功利主義であれ義務論であれ，実質的にこの価値が行為の正・不正の判断基準を提供するものとして位置付けられていることは，これまでの環境倫理学の流れを知るうえで押さえておく必要があるだろう．私たちの行為によって，対象の自律，幸福，あるいはそのほか何であれ道徳的内在的価値を生み出している状態や性質が損なわれるとき，その行為は正当化しえないものとして禁止されるのである．この立場をとるならば，一部の自然は私たちにとって有用であるから保護すべきなのではない．役に立つという道具的な視点から自然を見るのではなく，人格を持つ私たちと同じかそれに準ずる存在として，それ自体として尊重すべきなのだ．

　こうした理論は精緻に組み立てられており，倫理学を専門とするものにとっても容易に反論しがたいものとなっているだけでなく，実際に私たちの共感を呼び起こすものである．このことは動物を例にとったときに，とりわけ顕著となる．雄大な自然のなかを闊歩していたはずの野生動物が，狭い檻のなかで巨体を揺らしながらイライラと歩き回っている様子を目にすると，動物は「生の主体 subject-of-a-life」なのだから檻に閉じ込めておくべきではないという主張は強い説得力を持つ[4]．虐待されたり遺棄されたペットの姿を目の当たりにした

3　この点についての簡略な説明を読みたいという読者には，熊坂（2016）が参考になるかもしれない．

4　「生の主体」は，義務論の立場から動物倫理を論じるトム・レーガンによって提唱された用語である（Regan 1983: 243）.

第Ⅱ部　未来の環境倫理学

とき，動物たちの苦痛を無視すべきではないという功利主義の主張を否定することは困難である．ところがそうした反応は，いざ動物園の廃止や菜食主義という選択肢を突き付けられると，多くの人びとから消えてしまうか，少なくとも極めて弱いものとなってしまう．

本稿の主題がEVEであることから，現代社会で暮らす私たちは十分に有徳でないという批判がここで展開されるのではないかと，警戒あるいは期待する読者もいるかもしれない．だが，むしろ本稿で指摘したいのは，私たちの多くは菜食主義を拒否したり動物園の廃止を求めようとしないときに，肉食を放棄できない意志の弱さを嘆いたり，檻のなかに閉じ込められている動物たちの苦境に対する鈍感さを恥じたりはしていないということである．たとえ多くの人びとが，動物の殺戮や虐待は良くないことだと思っているにせよ，率直に言えば，それは食習慣や社会における動物の扱い方を根本から変えなければならないほどの問題だとは見なされていないのである．これは熱心な動物愛護の活動家からすれば恥ずべきことだろうし，もしかしたら私たちは彼らと同じように感じるべきなのかもしれない．いずれにせよ，ここで言えるのは自然の道徳的内在的価値を根拠とする議論が持つ効果は，多くの人びとにとっては限定的な状況でのみ発揮され，しかも一時的なものに留まっているということである．私たちが比較的感情移入しやすい動物の場合ですらこうなのだから，まして植物の道徳的内在的価値を根拠として環境破壊をくい止めようとする戦略は，ごく限られた集団のあいだでのみ有効なものであるように思われる．同じことは，キャリコットのように生態系の保護を主眼とする全体論者の主張にも言えるだろう5．

このように述べるのは，道徳的内在的価値を環境保護の根拠とする戦略を公共の議論から排除することを訴えるためではない．そのようなことはこの価値を重要なものと受け止めている熱心な活動家や理論家の激しい反発を招くだろうし，それによって神学論争が再燃しかねない．たとえそれが一部の集団に限定されるものであっても，人びとを環境保護に向けて鼓舞し納得させる理由を，わざわざ排除する必要はないように思われる．道徳的内在的価値こそがもっと

5　J.B.キャリコットは，1971年に世界初の環境倫理学の講義を受け持ったこの分野のパイオニアの一人であり，各地の文化にもとづく環境倫理の比較研究でも知られている．

第 5 章　多様性の環境倫理に向けた環境徳倫理学の理解

もな理由だと感じられる人びとは，彼らの信条を放棄する必要はないし，その信条の拡大に努めることを躊躇する必要はない．それどころか彼らと信条を同じくしない人びとも，運動を有利に進めるために，一時的にこの戦略を採用することも考えられるだろう[6]．実際，国内外で自然の権利訴訟と言われる環境訴訟が幾つも行われてきているが，原告に名を連ねるものや支持者は，必ずしも自然に道徳的内在的価値があると考えているわけではない．鬼頭秀一は，国内の自然の権利訴訟の準備書面を読み解き，日本における自然の権利訴訟を「そこの自然をよく理解している人たちを議論のフォーラムにつかせるための一つの便法」であると見ている（鬼頭 1996: 59）.

とはいえ，環境保護という目的のための戦略，あるいは便法として，自分が基本的には納得していない道徳的理由に依拠するというのは，まさにストッカーの指摘した動機と行為の不調和の状態にある．この不調和が，たとえ本当の統合失調症のように私たちの精神に危機をもたらすことはないとしても，環境保護という長期的な取り組みを要求する社会運動が，多くの人びとの倫理観からかけ離れた道徳的理由しか提示できないのだとすれば，大きな弱点を抱えていることは確かである.

その一方で，倫理は「べき」を扱うのであり，現状の「である」を記述する観察者とは異なる使命を帯びている．環境破壊の進行する現状の背後にある倫理を，盲目的に是として記述するだけの取り組みは，そもそも環境倫理学たりえない．環境と調和した社会へと向かうための倫理はどのようなものかを探求し，それに向けて現状の倫理を改善する道筋を検討することが，環境倫理学には不可欠なはずである.

この点を考えると，EVE は一つの有力な取り組みである．と言うのも EVE は，対象の持つ性質から道徳的内在的価値が存在することを論証するここまで取り上げてきたアプローチとは対照的に，対象を評価する私たち主体の側の性質に注目するからである．自然環境との関わりにおける望ましい性格的特徴や傾向，すなわち徳が何であるかについて真剣に考えながら，その涵養について考慮せず，ただ現状を肯定するということは想定しがたいだろう.

6　反対に，内心では自然の道徳的内在的価値を支持しつつもそれを前面には押し出さず，戦略的意図から経済的理由を看板に掲げる自然保護運動に取り組むことも考えられる.

第Ⅱ部　未来の環境倫理学

3　EVE の特徴とそれに対する批判

　倫理学は「よく生きるとはどのようなことか」という質問に答えようとする
取り組みである．功利主義や義務論は，この問いに対して「私たちはどのよう
に行為すべきか」という形で応答を試みる．それに対して，徳倫理学はこの種
の応答では不十分であり，「私たちはどのような存在であるべきか」という答
えも必要だと考える．EVE も，私たちが自然との交わりのなかでよく生きる
ということは，自然環境や他の生物に対して何をすべきかすべきでないかとい
うことだけでは説明できないと主張する．環境徳倫理学者たちによれば，環境
徳を有する人間は，自然との交わりにおいて規則違反をしないというだけでは
なく，自然との交わりを享受することで，自分自身の生を豊かにする存在なの
であり，そのような徳を持たずにただ規則に従うだけでは不十分なのだ．

　EVE の二冊の論文集で編者の一人を務めたカファロは，最も古い EVE の
論文を 1983 年のものだとしている (Cafaro 2010: 3)．その後，2000 年代に入
って EVE に対する関心が高まりを見せ，2005 年と 2010 年には論文集が出版
されるに至った．EVE は現在，環境倫理学の主流とまでは言わずとも，見過
ごすことのできない一つの潮流となっており，キャリコットやロールストンと
いった環境倫理学の黎明期から関わってきた研究者たちの近年の著作でも，
EVE についての言及が見られる[7]（キャリコットの書籍は EVE についての節を設
けており，EVE に対するロールストンの批判的な論文は EVE の論文集にも収録さ
れている）．

　ところで一口に EVE といっても，論者によってその評価や立場はさまざま
である．カファロとともに編者を務めたサンドラーが，EVE がさまざまな立
場と協働可能であることを強調しているのに対して (Sandler 2007: 114-117)，
カファロは環境徳倫理学の条件の一つとして，非人間中心主義を挙げている
(Cafaro 2005: 37-38)．またロールストンは，EVE は「半分は正しいとしても
全体としては危険 half the truth but dangerous as a whole」であり，十分に非人

　7　ロールストンも環境倫理学について最初期から論じてきた研究者であり，国際環境倫理
　　学会の若手研究者奨励賞には彼の名が冠せられている．

間中心主義ではないと評している（Rolston 2005）. ロールストンの批判を私なりにまとめれば, 次のようなものとなる.

EVE は, 自然と関わるにあたって私たちがどういった徳を持つのが望ましいかを明らかにすることに取り組む. そのような徳の持ち主は, たとえば「センス・オブ・ワンダー」や「自然への敬意」に敏感であると考えられるが, なぜこのような関心や感情が生じるのかについて議論しようと思えば, 自然の内在的価値について論じざるをえない. というのも, 有徳な人びとは裏切りや臆病を含むあらゆるものに惹かれたり敬意を払ったりするのではない. 彼らは尊重すべきものを尊重し, 軽蔑すべきものを軽蔑すると考えなければ, 有徳という言葉の意味が失われてしまう. ということは, 有徳な人びとが自然をかけがえのないものとして高く評価するのであれば, 自然には何かしらの高い価値があり, それこそが環境保護についてどの道徳的議論の核を成すと考えざるを得ない. 環境徳倫理学の議論がこのように展開するのであれば, これは徳倫理よりも価値倫理の名が相応しいものであり, 自然の内在的価値の議論へと向かうことになる. この結論を避けるために, 自然の持つ内在的価値よりも自然と触れ合うことで得られる経験とそれによる徳の涵養を優先するのだと EVE が主張するのであれば, それは倫理として危ういものになる. たとえばホームレスへの炊き出しなどのボランティア活動へ参加する理由が, 炊き出しを受ける人びとが持つ人間としての道徳的内在的価値のためではなく, ボランティア活動で恵まれない人々と接する経験をすることや, それによって自分の人格が磨かれることにあると考えるのであれば, そのような姿勢を倫理的と評価するに値するかどうか, 考えてみればわかるだろう.

上述のロールストンの批判に耳を傾けると, EVE もまた従来の人間中心主義か非人間中心主義か, 自然の価値を道具的とみるのか内在的なものとみるのかという論争から免れないような印象を受けるかもしれない. どうすれば環境徳倫理学は, この批判を乗り越え, 従来の論争から距離を取ることができるのだろうか.

4 非関係的価値としての自然の価値

この目的のためには，内在的価値の概念の意味や用法について整理することが良いように思われる．オニールは，内在的価値という言葉が，（道徳的意味を持つ）非道具的価値，非関係的（性質にもとづく）価値，客観的価値の三つの意味で使われているということを指摘している（O'Neil 1993: 8-10）．ここで言う非道具的価値を，本稿ではその意味を明晰にするために，やや冗長ではあるが道徳的内在的価値と呼んできた．それに対して非関係的価値は，ムーアが友情や美の享受を例に説明しているものである．この価値はその名が示す通り，ほかの目的や価値と関わりを持つがゆえに価値があるのではなく，それ自体として価値があるので内在的と呼ぶに値する．友情を例にとれば，友情ゆえに便宜を供与されるなどの利益を得ることもあるが，それが友情の主要な価値だと考える人はいないだろう．友情はただそれだけ，友人関係にあること自体に価値があるのだ（利益を得ることが目的である関係には，コネや人脈というより適切な言葉が存在する）．環境徳倫理学が想定する有徳な人物は，自然の持つこの種の価値を適切に評価できることが期待されているのだと考えることができる．

私たちは他者の道徳的内在的価値を損ねることなく，友情を壊したり美を棄損したりする（非関係的価値を損ねる）ことができる．そのような行為は功利主義と義務論で禁止することは困難かもしれないが，たとえ禁止する道徳的根拠が明らかではなくとも，そうした行為をする人物，少なくとも大きな葛藤もなく行う人物を私たちは有徳だとは見なさないはずだ．他者からの評価であれ，自分自身の内省から導き出される評価であれ，そうした評価は私たちをそのような行為から遠ざける一因となる．これと同じことが，自然環境との関係についても言える．私たちが生態系を汚染してそこに住む生物を傷つけるとき，たとえこの汚染は道徳的内在的価値を損ねていないとしても，明らかに自然の持つ非関係的価値を損ねているのであり，その事実が私たちをして汚染から手を引かせ，汚染者を非難させるのだ．

このように考えることで，私たちはロールストンの批判から EVE の意義を救い出すことができる．またこれは，カファロが掲げる EVE は非人間中心主

義でなければならないという制約を免れることができる．なぜなら，上述の理解に従えば，環境徳倫理学は自然の道徳的内在的価値ではなく，非関係的価値を主要な題材として議論を展開することが可能だからである[8]．EVE は非人間中心主義的な立場をとることができるが，それに拘束されるものではない．カファロが EVE のロールモデルの一人に挙げるアルド・レオポルド[9]は，よく知られた「土地倫理」についての説明のなかで，人間の役割は土地の征服者ではなく，その一員に過ぎない旨を述べ，生物共同体の「全一性，安定，美 integrity, stability, beauty」を倫理の基準として提案しているが（Leopold 1949: 224-225，邦訳 1997: 349），同時に狩猟を肯定していた．この姿勢を，自然の道徳的内在的価値を根拠に説明することは，不可能とは言わないまでも高度な論理的技巧をこらす必要があるだろう．しかし，そうした技巧を煩わしく疑わしいと考える人びとに対しても，自然が有する全一性や安定性や美を非関係的価値として提示し，それを高く評価するよう求めるアプローチは有効である．EVE は自然の持つ価値を，強硬な非人間中心主義のように道徳的内在的価値に代表させるのではなく，また反対に強硬な人間中心主義のように経済的価値に限定するのでもなく，全一性や安定性や美といった私たちの生活を豊かにしうる自然の価値に着目する．そうした価値を適切に評価することができる人物こそが有徳なのであり，そのための環境徳の涵養を目指すのである．

5 EVE の訴求力

　ここまでの EVE についての考察を通じて，二つの疑問が浮かんでくるだろう．一つは，EVE は幅広く環境保護を訴えることに成功する代わりに，そのメッセージは弱々しく効果の薄いものになるのではないかというものである．

　あらゆる価値は，主体による評価をその源泉とするが，人びとが持つ道徳的

　8　非人間中心主義という言葉にも，いくつかの用法や分類がある．カファロの著作にも，弱い人間中心主義に近い記述と，自然への道徳的配慮を訴える記述の両方が見られる．

　9　レオポルドは環境倫理学の土台形成に貢献したとして評価される人物であり，日本では「環境倫理学の父」として紹介されることが多い．彼の時代に，環境倫理という考えは明確なものとはなっていなかった．キャリコットはレオポルド研究で知られており，今日のレオポルドの位置付けに大きな貢献を果たしている．

第II部　未来の環境倫理学

内在的価値に関して，社会は誰もがこの価値を評価することを前提としている．それゆえ法や政策と密接に結びつくことが可能であり，この価値を否定するものは罰せられうる．だからこそ，非人間中心主義の環境保護論者は人間以外の存在にもこの価値があるということが人びとに認められることを望むのである（そして，この文脈において自然の内在的価値は，個人の趣味嗜好に左右されない客観的価値という第三の意味を持って論じられることになる）．それに対して非関係的価値は，評価することを強制できるようなものではない．自然の非関係的価値について言えば，環境教育や，その価値を適切に評価する人が受ける賞賛といったものを通じて，それを認識・選好するよう間接的に働きかけることができるだけであり，本人の自発性に期待せざるを得ない．その意味では，EVEは，道徳的内在的価値に訴える手法に比べると力強さに欠けていると言える面は確かにあるだろう．

　しかし，サンドラーが指摘するように，法を作り，政策を推進するのは結局のところは，何かしらの性格を備えた人びとである（Sandler 2007:1-2）．私たちがどのような性格を持つことが望ましいのかについての考察は，実践的な環境保護のための行為規制の基準を直接提供することはないかもしれないが，両者の関係はさほど隔たっているわけではない．

　また，私たちは全体主義国家の中での環境保護について論じているのではなく，自由で民主的な社会がいかに環境保護を成し遂げることができるのかという道を模索している．そうした社会において行為を規制する法や政策は，市民を監視して一挙手一投足まで縛りつけるようなものではなく，ある程度の緩やかさを持つものにならざるを得ない．この緩やかさゆえに規制が機能しないと見なされれば，もちろん規制をより厳格なものにしようとする動きが生じる．しかし，その結果として社会の自由や寛容さがやせ細っていくということを，私たちは安全保障政策や表現の規制に関わる議論をはじめとするさまざまな事例を通じて，すでに理解しているだろう．効果的な環境保護を自由で民主的な社会のもとで達成するためには，規制の抜け穴を探して利用しようとするのではなく，規制の精神を理解し，それが目指すところの達成に自発的にコミットしようとする個人や集団，つまり市民としての徳を身に着けた人びとが必要なのだ．

第5章 多様性の環境倫理に向けた環境徳倫理学の理解

そして，環境保護を自由で民主的な社会におけるプロジェクトとして見る視点は，求められる環境徳がある種の権威によって，植え付けられるようなものではないという理解にも結び付く．功利や権利といった，理論上は濃厚な文化的背景を必ずしも必要としない概念と比べると，明らかに徳は文化的・社会的な文脈を通じて理解されるものである．それゆえ，声高に徳を論じることは，内向きには愛国主義を煽り，外向きには文化帝国主義となる危うさを伴っている．特定の徳目やイデオロギーを個人や社会に対して外在的に押し付けることを後押しするようなことは，環境保護を名目とした他の政治活動，その極端な形態としてはエコ・ファシズムにもつながりかねない．上記の視点は私たちの思考が，そうした方向へ誤って進んでいかないための補助となりうる．現代社会における徳の涵養は，個人あるいは社会が有する性質や傾向の内在的な発展として考えられなければならない．

さらに言えば，実のところ非関係的価値はときに極めて強力に私たちに訴えかけてくることがある．イスラーム原理主義組織タリバーンが2001年にアフガニスタンのバーミヤン渓谷で仏像を爆破したとき，すなわち文化遺産の持つ美的価値や歴史的価値，文化的価値が損なわれたとき，そのニュースは世界中を駆け巡り，人びとの義憤と嘆きを呼び起こした．アフガニスタンの人びとは仏像の爆破以前から，暴力や飢餓によって100万人単位で殺され，それをはるかに上回る数の人びとが難民となることを余儀なくされていた．しかし，仏像爆破による非関係的価値の棄損に対する世界の反応は，彼らの道徳的内在的価値に対する甚大な侵害への反応と比べて，良くも悪くも，はるかに強烈なものだったのである[10]．

人びとの道徳的内在的価値の侵害を見過ごして良いはずはなく，紛争地帯に身を置く人びとにはより大きな関心が向けられるべきであろう[11]．しかしなが

---

10 2015年にはイスラーム国がパルミラの古代遺跡を破壊し，同じような義憤を巻き起こしている．ただしイスラーム国の場合，捕虜の火あぶりや斬首などの動画を公開してきたこともあって，その残虐性が人びとの非難を集めている．そのため，タリバーンのバーミヤン遺跡爆破のときのような，際立った対比は見られないようだ．

11 映画『カンダハール』で知られ，アフガニスタン問題に深く関心を寄せるイラン人監督モフセン・マハマルバフはこの状況に憤り，「ついに私は，仏像は，誰が破壊したのでもないという結論に達した．仏像は，恥辱のために崩れ落ちたのだ．アフガニスタンの虐げ

101

第Ⅱ部　未来の環境倫理学

ら本稿は，それを承知のうえで，あえてこの出来事を積極的な方向へと解釈することの意義について触れたい．バーミヤンの一件は，結果として仏像爆破という暴挙だけでなく，アフガニスタンの人びとの置かれている苦境に世界の目を向けさせた．すなわち，道徳的内在的価値への訴えでは十分に成し遂げることができなかった目標が，人工物の有する歴史と文化的な背景に起因する非関係的価値が損なわれたことによって達成されたのである．これを私たちの道徳的内在的価値への無関心の表れとして非難することは，確かに正しい．しかし，この種の非難はバーミヤンの爆破以前からあったのであり，それにも関わらず大きな変化の見られなかった状況を，仏像の爆破が大きく変えたのである．バーミヤンの事例を参照すると，自然の価値が歴史的文化遺産に劣らぬものだという認識が浸透すれば（そして，これは決して非現実的な想定ではないだろう），EVE の取り組みは間口が広いだけでなく十分に影響力の大きなものとなりうるように思われる．

　もう一つ付け加えたいのは，人工物であるバーミヤンの仏像と同じ文脈で自然を論じるということは，議論の対象である自然が必ずしも原生自然でなくとも良いということである．これは今日の日本社会の状況を考えると，とくに重要な強みであるように思われる．もともとアメリカの環境倫理学の議論では，原生自然に目がいきがちであることは，かねてから指摘されていた．それに対して日本では，里山に代表される人間の手が入った自然を論じようとする姿勢が比較的強い．里山という言葉から，ごく一部の綺麗に手入れの行き届いた風景を連想する向きもあるかもしれないが，人間の手の入った自然ということで考えると，地方の農村部の多くは山や雑木林と田畑や住居が隣接している．かつては手入れの行き届いた里山が両者の緩衝地帯として機能していたが，高齢化と過疎化が進むなかで緩衝地帯が荒れ果て，人里のすぐ近くまで動物たちが近づくようになり，それが原因で熊や猿による襲撃，シカやイノシシによる農作物の被害などが増えてきた面がある．こうした被害を軽減し土地の状態を回復させるのではなく，野性生物の狩猟や自然生態系への人為的介入を頭から拒絶することは，農村部で暮らす人びとにとっては，机上の空論にしかならない．

　られた人びとに対し世界がここまで無関心であることを恥じ，自らの偉大さなど何の足しにもならないと知って砕けたのだ」と書いている（マハマルバフ 2001: 27）．

第5章　多様性の環境倫理に向けた環境徳倫理学の理解

EVE のスタンスであれば，狩猟や人為的介入を頭ごなしに否定することなく，実践的な議論ができるように思われる．

6　多様な徳と自然保護の理由

　もう一つの疑問は，結局のところ，環境徳とは何かということである．上述の「センス・オブ・ワンダー」や「自然への敬意」は，明らかにその一つだろう．サンドラーは環境徳について，持続可能性に関わるものや自然とのコミュニケーションに関わるもの，環境保護活動に関わるものなどの 6 つのカテゴリーに分けている（Sandler 2007: 82）．またファン・ヴェンスフェーンは環境徳として 189，環境悪徳（ecological vice）として 174 の語をリストに載せている（van Wensveen 2000: 163-167）．実際にはこのリストの記載されている一つ一つが固有の徳ないし悪徳であるというよりは，環境を語るさいに徳や悪徳と結び付けて用いられてきた語だと思われるが，私たちの表現や思考はそれほどの多様さを持って，自然との関わりを徳や悪徳の観点から表現してきたということを示している．

　これらのリストをもとに，環境保護にとって好ましいと思われる無数の性格的特徴を，いくつかの徳（たとえば徳倫理学一般における枢要徳のようなもの）へと収斂させることは可能かもしれない．しかし，環境保護という目標に向けての協働ということを考えると，多様な徳を抽象化して少ない徳へと収斂させるよりも，地域や宗教，文化，生活様式の違いに応じて人びとが持つ自然の非関係的価値の多様性を受け止め，それに対する感受性などの徳を涵養する道筋を探ることのほうが有益かもしれない．これは前述の徳を論じることの危うさを避けるという面でも，より好ましい姿勢であるように思われる．

　環境社会学や比較人類学といった分野との協働を通じて，もっともな環境保護の道徳的理由を提供すること．そして環境教育学などとの協働を通じて，自然の持つ幅広い価値の認識を浸透させ，それを適切に評価できるようにすること．以上が，未来の環境倫理学に向けて，環境徳倫理学研究に期待されていることだろう．

第 II 部　未来の環境倫理学

参考文献

Cafaro, P.（2010）"Environmental Virtue Ethics Special Issue: Introduction," in Cafaro P. and R. Sandler eds., *Virtue Ethics and the Environment*, Dordrecht, Heidelberg, New York, London: Springer.

Callicott, J. B.（2013）*Thinking Like a Planet: The Land Ethic and the Earth Ethic*, New York: Oxford University Press.

Hill Jr., T. E.（2005）"Ideals of Human Excellence and Preserving Natural Environments," in Sandler, R. and P. Cafaro eds., *Environmental Virtue Ethics*, Maryland: Rowman & Littlefield Publishers,. 初 出 は（1983）*Environmental Ethics*, Vol. 5 No. 3, 211-224.

Leopold, A.（1949）*A Sand County Almanac and Sketches Here and There*, New York: Oxford University Press.（＝1997，新島義昭訳『野生のうたが聞こえる』講談社学術文庫）.

Light, A. and E. Katz eds.（1996）*Environmental Pragmatism*, New York: Routledge.

O'Neil, J.（1993）*Ecology, Policy and Politics: Human Well-Being and the Natural World*, Routledge.

Regan, T.（1983）*The Case for Animal Rights*, Oakland, California: University of California Press.

Rolston III, H.（2005）"Environmental Virtue Ethics: Half the Truth but Dangerous as a Whole," in Sandler, R. and P. Cafaro eds., *Environmental Virtue Ethics*, Maryland: Rowman & Littlefield Publishers, 61-78.

Rolston, H.（2012）*A New Environmental Ethics: The Next Millennium for Life on Earth*, New York: Routledge.

Sandler, R. and P. Cafaro eds.（2005）*Environmental Virtue Ethics*, Maryland: Rowman & Littlefield Publishers.

Sandler, R.（2007）*Character and Environment: A Virtue-Oriented Approach to Environmental Ethics*, New York: Columbia University Press.

Stocker, M.（1976）"The Schizophrenia of Modern Ethical Theories", *Journal of Philosophy*, 73: 453-466.（＝2015，安井絢子訳「現代倫理理論の統合失調症」加藤尚武, 児玉聡編・監訳『徳倫理学基本論文集』勁草書房，23-45 頁）.

van Wensveen, L.（2000）*Dirty Virtue: The Emergence of Ecological Virtue Ethics*, New York: Humanity Books.

鬼頭秀一（1996）『自然保護を問い直す：環境倫理とネットワーク』ちくま新書.

熊坂元大（2016）「環境問題を『道徳的に考えること』を考える：自然の内在的価値概念の意義と限界」尾関周二，環境思想・教育研究会編『「環境を守る」とはどういうことか：環境思想入門』岩波ブックレット.

モフセン・マハマルバフ，武井みゆき，渡部良子訳（2001）『アフガニスタンの仏像は破壊されたのではない 恥辱のあまり崩れ落ちたのだ』現代企画室.

第6章　ハンス・ヨナスの自然哲学と未来倫理

山　本　剛　史

1　はじめに——無知のヴェールを超えて

　2011 年に起こった福島第一原発の大事故を受けて，将来世代の生存や生活までを視野に入れた倫理がどのようなものになるかを解明し構成することが倫理学の急務である．ただし，かつての世代間倫理の問題構成ではその課題にこたえることは困難と考えられる．かつての世代間倫理は現在世代による利益の享受の結果，将来世代が危害を被ることになるのは倫理的な悪，不正ではないかという問題構成であり，現在世代の利益と将来世代の危害とが対置されていた．しかし現代では原発事故のような技術にまつわる失敗だけに限らず，温室効果ガスの世界的な過排出に伴う地球温暖化のように，現在世代の科学技術を介した集団的行為そのものが現在世代から将来世代に至るまでシームレスに危害を与えるであろうことが分かって来ている．つまり，将来世代を現在世代の倫理性を映し出す鏡とするより以前に，現実に顕在化しつつある危害が将来どの程度にまで及ぶのか，その不確実性，不確定性を考慮しつつ配慮しなければならない．倫理学に求められるのは，その際の妥当性の追求ということになる．
　現在世代と将来世代の双方を包括する倫理学理論として，ロールズの正義論を挙げることができる．公正としての正義の 2 原理に含まれる格差原理は，世代間における基本財の公正な分配を義務付ける貯蓄原理と相関的に理解されねばならないとロールズは主張している．つまり，所得と富を得るにあたり最も不利な状況にある者に対して最善の利益を約束する限りでのみ格差が肯定されるので，それ以外の格差に関しては正義の 2 原理において是正が目指されねばならない．一方で，直近の親世代に対して要求できる基本財の総計と，直近の子世代から要求されてしかるべき基本財の総計とが釣り合うように，次世代以

105

第II部　未来の環境倫理学

降に基本財を残していかなければならない．正義の2原理を満たそうとする国家は，必然的に格差原理に基づく基本財の世代内での再分配と，貯蓄原理に基づく世代間での分配の双方が，互いに最も少ない妥協で済むバランスポイントを探ることとなる．ロールズの倫理学は「無知のヴェール」に象徴されるように，超歴史的な性格を持つが，人類の倫理学というより，公正な国家の倫理学であった（ロールズ 2010：第44節）．しかしロールズは後年，『万民の法』において国際間の正義を追求した．そこに世代間倫理学的要素は認められなかったが，「重荷に苦しむ社会」が正義の2原理にかなう社会になるよう国際間で援助する義務（援助義務）が定められている（ロールズ 2006: 154-176）．ロールズ倫理学を将来世代への基本財の継承を視野に入れた人類の倫理学として再構成するにあたっては，援助義務，格差原理，そして貯蓄原理の3要素をどのようにバランスさせるのが最も公正かが，焦点となるだろう．

　ところで，ロールズが各自が自身の善を追求するために必要な財を基本財と称し，公正なる分配の対象としたことは知られていても，実はその基本財を社会的基本財と自然本性的基本財とにロールズ自身が分けて考えており，『正義論』をはじめとする著作で扱われるのは厳密には「社会的基本財」であったことは見落とされがちではないか．自然本性的基本財とは，健康，体力，知能，想像力を指す．これらの基本財についてロールズはほとんど検討しない（ロールズ 2010: 86; 144-145）．その理由は定かではないが，少なくとも日本国内では，福島第一原発事故によって放出され続けている放射性物質の影響のゆえに，2011年3月11日を境に自然本性的基本財が全く異なる条件に置かれていることは明らかである．したがって，いかなる時代に生まれたかも捨象して考えてみる，という無知のヴェール（いったん理論的な不備が認められたが，『万民の法』において再登場する）の倫理学的な妥当性には疑問符が付く．

　つまり，これから環境倫理学において将来世代に対する配慮を課題とするには，超歴史的に，時間を捨象して考えるのではなく，現在世代と将来世代とをつなぐ時間を思索することが求められる．

第6章　ハンス・ヨナスの自然哲学と未来倫理

2　ヨナスの戦争体験，ホロコーストと機械論的自然観

　そもそも，国内外の環境問題は自然環境のみならず，身体に対する重篤かつ
ほぼ不可逆的な被害（水俣病やカネミ油症が代表的である）をもたらしている．
放射線被ばくもまたしかりである．古くは，レイチェル・カーソンが既に『沈
黙の春』において体内に取り込まれた放射性物質や有毒な人工化学物質がとも
に遺伝子に影響を与えることを指摘していた（カーソン 1974: 251）．環境倫理
学は理論と実践，あるいは学際的な理論的考察とインタビューをはじめとする
手法を用いたフィールドワークとの往復運動において成立する学であると考え
られる．実際に自然環境において生じている，もしくはこれから生じることが，
カーソンの問題提起の延長線上にあるとするならば，哲学・倫理学的な理論的
考察における身体，そしてそれを包括する自然に関する思索がやはり環境倫理
学には必要である．

　ハンス・ヨナスは環境倫理学のみならず応用倫理学全般に関する基本書たる
『責任という原理』（以下『責任』）を，1979 年に上梓した．ヨナスは元来，ド
イツ国内におけるいわゆる「同化ユダヤ人」であり，その研究生活は 1920 年
代にはじまる．当時は，H. アーレントと共にハイデガーやキリスト教神学者
ブルトマンのゼミナールに出ていたのである．さりとてヨナスはキリスト教に
入信するでもなく，むしろ若き日から「政治的シオニスト」であった．1933
年にナチスがドイツの政権を奪取すると，ヨナスはいちはやく国外へと逃れる．
1933 年の段階で既に「わずかでも名誉を重んじるユダヤ人は，この地にとど
まることができないということがはっきりした」（Jonas 2003: S. 130〔101 頁〕）
と考えたからである．ヨナスはその後イギリスを経てパレスチナに逃れるが，
英国軍へと身を投じる．ヨナスがホロコースト，すなわちナチスによるユダヤ
人の絶滅作戦の遂行を明確に知ったのは終戦後にドイツへ連合国軍の一員とし
て乗り込んでからであったが，それ以前の戦争中に次のように述べていた．

　「我々の政治的，社会的，あるいはイデオロギー的な形式が何であれ，我々
は端的に人類として否定されているのである．……我々の生存そのものが，ナ
チス的なものの存在と両立しえない」（Ebd.: S. 188〔153 頁〕）．

107

第Ⅱ部　未来の環境倫理学

　ナチスとユダヤ人の対立は絶対的であり，ナチスが勝てば，ユダヤ人全員が地球上に存在できなくなり，ユダヤ人が自ら銃をとって闘い勝利すれば「地上における市民権を……新しく勝ち取る」（Ebd.: S. 192〔157 頁〕）ことを意味するというのだ．さらにヨナスは以下のように考えていた．仮にナチズムが世界を制覇するならば，西暦 70 年にローマとの戦いに敗れて以来，祖国を持たないディアスポラのユダヤ人といえども地球上には住めなくなる．つまりナチズムはディアスポラの生存戦略としての無効を究極的には意味している．したがって，Th. ヘルツルが構想したシオニズム，つまりユダヤ人国家の創設は，ナチズムに対抗しうる生存の確保の基盤だというのである（Ebd.: S. 186-199〔151-163 頁〕）．ヨナスが後年，『責任という原理』をものする背景には，ユダヤ人の絶滅の恐怖を現実のものとして日々感じつつ戦争に身を投じたことがあると考えられる．

　ナチスドイツに勝利し，英国軍の一員としてドイツに凱旋したヨナスは，ユダヤ人を工業製品を作るように能率的に殺戮する強制収容所からの生存者たちにその時初めて出会い，「ホロコースト」が現実のものであり，程なく自らの母も犠牲になったことを知る（Ebd.: S. 139〔108 頁〕）．自らが想像していた以上の残忍さがそこにはあったのである．ナチズムがユダヤ人を絶滅しようとした根本的な理由は，どう表現しようともヒトラーの恣意でしかなく何ら正当化できるものではない．しかし強制収容所を核とした民族浄化システムの異様なまでの効率性は科学技術の進歩のたまものでもある．ホルクハイマーやアドルノらと同じく，ヨナスもまた人間を幸せにするはずの技術の進歩が最悪の野蛮へと落ち込むのはなぜか，という問いを突き付けられたのである．

　ヨナスはその問いに答える鍵が，心身二元論にあると考えた．強制収容所でユダヤ人は処理されるべきものとして完全に計量化されてしまうが，この計量化自体はヒトラーの発明というわけではない．機械論的自然観において宇宙は「魂を欠いた物体と目標を欠いた力からなる領域」（Jonas 1973: S. 28〔16 頁〕）であり，そこでは延長物体の諸々の属性だけが「現実の中の唯一の現実的なものとみなされるように」なる（Ebd.〔17 頁〕）．このことについてヨナスは生命なきものが「認識可能なものとなり，万物の説明基盤になったということであり，……存在基盤として承認されたということ」だと規定する．したがって自

然における生命の存在は「謎」となる（Ebd.〔17頁〕）.

　ヨナスは「グノーシス主義，実存主義，ニヒリズム」において，機械論的自然観において人間の存在すら一切の関心から免れたものとして理解する以外なくなることを指摘し，それを「ニヒリズム」と称する（Ebd.: S. 371-372〔408-411頁〕）．このニヒリズム自体が人間の存在に関心がないので，ナチズムと結びつかなくても人間，さらには人間が住まう環境に対する脅威を引き起こし得る．しかし，ヨナスは同時にこのニヒリズムは一つの論理的な矛盾を抱えているという．つまり，全く無関心な自然から，（少なくとも）自らの生存を気に掛ける生命を生み出しているという矛盾である．この矛盾は「人間と実在全体との間の断絶」でもある．つまり，機械論的自然観によっていかにうまく自然を描き出すことができたとしても，それは人間不在の自然である．さりとて，この断絶を乗り越えるべく，一元論的自然観によって人間と自然を単純に包括しようとすれば，「人間であるに足る人間の理念」をも廃棄してしまう．したがって，機械論的自然観がもたらす断絶を克服すると同時に，二元論において洞察される人間性をも確保する「第三の道」を哲学は探らねばならない，というのが，ヨナスの第二次大戦後の課題となったのである．そして，この「第三の道」において人間と実在の断絶を克服することは，必然的に人間存在をその個別具体的で傷つきやすい現実性そのものにおいてとらえることを意味する．したがって，それは何者かが自然界に生きる人間の中から恣意的に排除対象として選び出されることへの抵抗ともなるのである．

3　偶然なる自然

　このようなわけで，ヨナスが『責任という原理』の中に，以前に書いた自然哲学に関する書物を参照するように注釈をつけていることは，ヨナスの倫理学を解するにあたり改めて尊重されるべきである（Jonas 1979: S. 144〔130頁〕）．そこで指示されている書物，*Organismus und Freiheit*（『生命の哲学』）は第5章で新陳代謝 Stoffwechsel の哲学的意義について詳細に考察する．しかし，単に新陳代謝を哲学的に考察するというだけならば，そのような考察は既にヘーゲルも行っているので，本質的に言ってヘーゲルを参照すれば足りる，あるいは

第 II 部　未来の環境倫理学

ヨナスは「第三の道」ではなくドイツ観念論への回帰である，と評価されよう．ではヨナスとヘーゲルの違い，ヘーゲルではなくヨナスが環境倫理学に対して与える独自の視座はどこに存するのだろうか．

　心身二元論で分割される精神と物質のうち，物質のみからなる世界観が機械論的世界観だとすれば，精神にすべてを基づけて理解しようとするのが観念論である．言いかえると，そもそも物を物たらしめているのは物そのものではなく，思惟ではないか，思惟が規定する働きではないかと考えるのが観念論である．デカルトが「考える『私』」が第一に実在すると考えたのに対し，ヘーゲルは「はたらきとしての思惟 Denken als Tätigkeit」に着目する．『エンチュクロペディー』によると，はたらきとしての思惟が主体として表象されると「思惟するもの Denkende」になり，思惟するものとして現存する主体をあらわす言葉が「自我 das Ich」である（Hegel 1970a: S. 71-72〔96 頁〕）．したがって，ヘーゲルの思想においては自我以前に一つの純粋なはたらきとして思惟が考えられている．『エンチュクロペディー』は，「はたらきとしての思惟」が論理，自然，そして精神の順に自らを現実化して完成する一つの体系である．そうは言っても，実際に考えるのはどうあっても「私」ではないのか．実のところヘーゲルは，思惟を単にそぞろに何かを思うことと区別している．『小論理学』に以下のような記述がある．

　「思惟が諸対象との関係においてはたらくもの，なにものかに関する省察と解されるとき，その働きのそうした産物としての普遍的なものは，事柄の価値，本質的なもの，真なるものを含む」（Ebd.: S. 76〔102 頁〕）．

　この真なるもの，とは一体何か．

　「思惟は内容の面で言えば，事柄の中に沈めこまれている限りでのみ真実の思惟であり，そして形式の面で言えば，思惟は主体の何か特別な存在とか働きであるのではなくて，それは意識が抽象的な私として……一切の特殊性を脱したものとして，ふるまって，ただ普遍的なこと——ここでは私はあらゆる個人と同一である——のみをすることに他ならない……」（Ebd.: S. 80〔107 頁〕）．

　ここで言われていることは，思惟するはたらきそのものというのが自己の内部ではなく対象においてなされるということである．ある対象を思惟することが対象においてなされるなら，その思惟は真なるものとなる．その真実を思惟

110

する「私」は，思惟が真実である以上誰が思惟したところで同じ思惟にならねばならないがゆえに，一切の内容を脱した形式的なものとして措定される．

　ヘーゲルによると全ての考える「私」が同じように考えるのは，考える対象そのものに思惟が浸透しているからである．論理とはこの対象に浸透している思惟そのもののことである．ヘーゲルは対象の側ではなく思惟の側から『エンチュクロペディー』を体系化して執筆した．論理学から書き起こされるのはそのせいである．しかし，ヘーゲルが『エンチュクロペディー』において論じる論理学は単なる形式論理学ではない．思惟そのものはやがて対象を通して現実化を志向する．その現実化の最初の段階が自然なのだ．

　さて，ヘーゲルは，自然において思惟するはたらきが普遍的な一つの体系としてあることを導出しようとする．つまり，個別的存在者からなる自然界が法則にしたがい，同時に生物種間の階層構造を形成していることを導出しようとする．そのためにヘーゲルは進化論を認めない．

　「……たとえ地球が，生命体を持たず，ただ化学的過程などを持つだけだという状態にあったとしても，生命的なものの閃光が物質のうちに打ちかかるや否や……すぐに一定の完全な形成物が現に生まれている」(Hegel 1978: S. 349〔450 頁〕).

　そしてさらにヘーゲルは，自然全体が一つの体系として考察されねばならないとする．

　「……一つの段階は他の段階から必然的に発生してくる．一つの段階はこの段階が結果として出てきた段階のまず最初の真理である．しかし，一方の段階が他方の段階から自然的に生み出されるのではない．自然の根底を形作る内的な理念のうちで産出される」(Ebd.: S. 31〔31 頁〕).

　つまり，能動的なのは常に思惟であり，自然ではないのだ．自ら主体的に動くことのできない自然は「無力」であって，それゆえに偶然に翻弄される．偶然に翻弄されることによって，理念において産出される自然の体系においてあるはずの個物の中に例外が生じる．しかし，ヘーゲルは進化論において進化の過程において不可欠なものと認めるこの突然変異を，理念において生じ階層構造を形成する類 Gattung や種 Art を「遮り」，「隙間だらけ」(Hegel 1970b: S. 224〔337 頁〕) にするものとしか認めないのである．また，自然において思惟

第Ⅱ部　未来の環境倫理学

が現実化しているのであれば，自然は真理であるはずである．しかし，すべての自然物は有限である．必ず死ぬ．

ところで，ある特定の動物がいたとすると，私たちは「それは動物である.」と述べる．しかしそれは「動物そのもの」といういわく言い難いものではなく，いつも何らかの特定の動物を示すものである．つまり，「動物」は個々すべての動物に該当するその普遍的本質である．もし仮に，犬から動物であることを取り去ってしまえば，犬が何であるかは言えないのではないか．つまり，個体の死を超克する「類」こそが普遍的本質であり，これは単にすべての動物に共通する性質以上の意味を持つ（Hegel 1970a: S. 82〔109頁〕）．個体の生老病死を超えて本質があり続けることに，ヘーゲルは精神の存在を認める．このように，ヘーゲルは思惟のはたらきの現実化の弁証法的過程を通して自然から精神が顕れると考えたのである．

ヨナスとの関連で，ヘーゲル哲学が重要なのは以下の点であると考えられる．すなわち，有限なる自然の生に対して「類」が普遍性において優越し，そちらこそが本質であること，これを守るためには，思惟のはたらきに基づく階層構造の真理性が確保されていなければならず，したがって進化論を受け入れないこと，である．

それに対して，ヨナスは進化論を自らの自然哲学の前提として受け入れる．この受け入れは，「変化せざる本質を現実から除去する」（Jonas 1973: S. 84〔78頁〕）．そうすると，創造の原理が本質から条件へと変わる．

「条件は『環境』という姿で有機体という概念の必然的な相関物となることによって，有機体の在り方を導く主要な担い手となる」（Ebd.: S. 85〔78頁〕）．

ヨナスはこのように生命を有機体と環境の二極間の相関関係および緊張関係としてとらえるばかりか，さらにこの二極性を突き詰め，生物学者 A. ヴァイスマンの説に基づき，卵の一部に存在する生殖質と，それ以外の身体及び環境の二極性が生命の構造であると説く．発生の初期の段階で生殖質は細胞を取り込み始原生殖細胞を形成する．これを踏まえてヨナスは身体も生殖質の環境であり，かつ，生殖質が自らをつないでいくための乗り物として身体を位置付ける．ヨナスいわく，生殖質はある面から見れば「不死」である．なるほど個体としての生命は有限だが，人類の観点から見れば身体から身体へと乗り換えて

112

ゆく生殖質は途切れることがないように見えるからである（Ebd.: S. 93-94〔88-90頁〕）．ヘーゲルが思惟の働きから導出した「類」に代えて，ヨナスは生殖質を個物を超える存在の原理として見出している．しかし生殖質自体もまた，不変ではない．

　いわばこの二重の相関関係において，個体としての有機体は当然のことながら自らの周辺環境に絶えず介入する．つまり，生命維持のために水分，栄養分を摂取し，老廃物を環境中へと排泄する．しかし同時に個体としての有機体は周辺環境からの影響を絶えず受け続ける．このような介入と影響との相互関係において，「種」はヘーゲルが言うのと異なり，有機体と環境との暫定的な平衡状態であるとヨナスは指摘する（Ebd.: S. 89-90〔84頁〕）．生物の進化は，有機体の突然変異と，環境の自然淘汰によって構成される自然選択によってなされる．環境内で生きるための試練に常にさらされている有機体は適応するために遺伝形質の突然変異を起こすが，環境の側はさらに様々な変異を淘汰する．この淘汰という「篩を強制的に通過させられることによって……偶然的なものは，本質的なものとなるのだ」（Ebd.: S. 91〔85-86頁〕）．つまり，ヨナスの自然哲学において「進化」とは，有機体と環境の平衡が何らかの原因で崩れた際に以前とは異なる形で再獲得されたものであり，所与の目的へ向かって接近することではなく，偶然の積み重ねによって成し遂げられたその時その時における成果なのである．人類もまたその成果の一つである．

　先述の通り，ヘーゲルも身体が環境においてあり，新陳代謝することを認めている．

　「ここ（＝消化）では栄養摂取の過程が主要テーマである．有機的なものは非有機的自然と緊張状態にあり，この自然を否定し，それを自分と同一化する．有機的なものと非有機的なものとのこのような直接的な関係では，有機的なものとはいわば，非有機的なものを有機的な流動性へ直接的に融解することに他ならない．両者の相互の関係全ての根拠は，まさに実体のこのような絶対的な統一なのであって，このような統一によって非有機的なものは，有機的なものにとって完全に透明であり，観念的で非対象的である」（Hegel 1978: S. 483〔631頁〕）．

　このようにして，ヘーゲルは確かに有機体が外部環境との関係において存在

第 II 部　未来の環境倫理学

することを認めているが，この引用個所をはじめとして「非有機的」という言葉を「有機的」という言葉と相関的に用いている．有機的とされるものの摂取対象は，たとえ有機物であっても「非有機的」とここで称される．それは単に否定されるものとしてのみある．それはなぜか．

「……根本にあるのは次のことである．つまり有機的なものは非有機的なものを直接自らの有機的物質へと引き入れるということである．なぜなら有機的なものは単一の「自己」としての類であり，したがって非有機的なものにとっての力だからである」（Ebd.: S. 485〔634 頁〕）．

こうして，有機体と外部環境との関係は，単に身体にとって必要なものを摂取する新陳代謝の面からのみ，一方的なものとしてとらえられる．なぜなら，「類」が単なる分類項目にとどまらず，外部環境を「非有機的」なものとする力を発揮するからである．新陳代謝理解と進化論の拒絶において，一貫して「類」が環境に対して常に優位にあるのがヘーゲル自然哲学である．

ヘーゲルが観念論的な主体が環境と一方的な関係を結ぶとしていたのに対し，ヨナスはそもそも生命を「有機体と環境との相互作用を包括」するものと考えていた（Jonas 1973: S. 90〔85 頁〕）．ここに，ヨナス自然哲学が西洋思想における古典的な目的論への回帰ではない証があるのである．細見和之はヨナスがその倫理学を自然哲学に基づけていることについて，ドイツにおいて「独断的な形而上学」であるとして繰り返し批判されたと述べている[1]．しかし，ヨナスとヘーゲルの違いを踏まえれば，「偶然」を理論の核心に置くヨナスの自然哲学は単なる古典回帰の独断的な形而上学とは言えない．また，これまで，ハンス・ヨナスに関する研究はその自然哲学を等閑視するものがほとんどであった．例えば加藤尚武は 2000 年に刊行された『責任』訳者あとがきにおいて，日本に環境倫理学を導入する役目を果たした『環境倫理学のすすめ』を 1991 年に刊行するにあたり，「ヨナスの独自な存在論は切り捨てる形で」構成したと述べている[2]．海外に目を向けると，近年技術に関する倫理的思索に新しい切り口を提供したかに思えるジャン・ピエール＝デュピュイは，自らの思考を展開す

1　ヨナス『生命の哲学』訳者あとがきを参照（細見 2008: 496）．
2　逆に言えば，日本における環境倫理学の誕生にヨナスの倫理学はもともと深い因縁がある．ヨナス『責任という原理』訳者あとがきを参照（加藤 2000: 419）．

第6章　ハンス・ヨナスの自然哲学と未来倫理

るにあたりヨナスとの対話が行えればよく，その際にその存在論は問題にならないとしていた（デュピュイ 2012: 91 参照）．

ところで，先述のようにヨナスは機械論的自然観の一つの実践的帰結をナチズムに見ていた．ヨナスにとっては後知恵になるが，核兵器による人類絶滅の可能性の出現もその実践的帰結の一つである．さらに，直接危害の意図をもって生み出された技術ばかりではなく，医療技術の進歩それ自体が人格や生命の否定を帰結しかねない．ヨナスは生命倫理学の黎明期である 1960 年代後半に人体実験や脳死者からの臓器移植について論じたのをきっかけに自然哲学から倫理学へと歩み入った[3]．『責任という原理』はあまねく科学技術がもたらしうる問題に相対する倫理学の研究として醸成されたのである．

また，観念論は進化論により理論的無効が告知されたが，実践的な無効について，ヨナスは次のように述べた．

「（現象と現実の）区別を説く観念論の哲学者たちはおそらく外的世界の衝突から庇護されていて，その結果彼らは外部世界をまるで劇として，舞台上のお芝居として観察することができたのではないだろうか」（Jonas 1973: S. 380〔419 頁〕）．

確かにヘーゲルは思惟のはたらきが現実となり，真実を顕現すると考えたが，ではホロコーストの現実は滅ぶべき民がいる，ないし人類は滅ぶべきという真理の顕現なのであろうか．先に見たようにそのような解釈をヨナスは全力で拒否する．ヘーゲルに対しても，「外部世界を劇として」解釈しているのではないか，という論評を当てはめることに無理はない．「第三の道」を探るには，観念論哲学への回帰でもなく，唯物一元論的でもないヨナスの自然哲学に触れる必要がやはりある．

4　自然哲学から『責任という原理』へ

では，ヨナスの自然哲学から，どのようにして「責任」の倫理学が展開してくるのだろうか．

3　これに関しては以下を参照（山本 2012）．

第Ⅱ部　未来の環境倫理学

『責任』では、「有機体の生命において、自然は自らの利害関心を告知してきた」（Jonas 1979: S. 156〔145頁〕）とある。つまり、生命それ自体が「生きる」という目的を告知する、生と死の間で決して中立的ではなく、死に対して生を優位に価値づけする存在としてあると述べられる。また、ヨナスは新陳代謝において端的に示される存在肯定としての生が非存在、すなわち死との「はっきり目に見える全面対決」であると規定している（Ebd.〔145頁〕）。言いかえると、生はその活動において非存在への可能性をも抱え込んでいる。この抱え込みにより、存在は事実のみならず存在自身にとっての課題ともなる。しかしこれは単に、盲目的な生への衝動を善とする倫理学なのだろうか？　この生への衝動を厳格に個人のレベルで肯定するならば、ホッブズの自然状態のような状況として解されかねない。

　実際のところ、少なくとも人類の生は盲目的にのみ営まれているわけではない。このことについて、ヨナスはその自然哲学と倫理学をつなぐミッシング・リンクともいえる論文「社会経済的知識と目的に関する無知」の中で、近代経済学の理論的前提を批判し、経済学そのものの中に倫理的側面を内包すべしと主張し、かつ次のように書いた。

　「しかし、生まれ出でる乳飲み子と、出番を待っている後代の子たちがいるために、'私たち'は無限の時間の広がりを持っており、'明日'は常に先へと延びていく未来を意味する。必要という自己肯定は、その際に、この継続の自己肯定を含む。そしてこれは責任を意味するのである」（Jonas 2010: 94）。

　倫理的行為主体たる「私」は盲目的な生の衝動そのものに還元されない。逆に、「生殖のみが責任の生物学的源泉」（ibid.: 95）であるとヨナスは述べる。生殖質の乗り物たる身体的存在として常にありつつ、「私」の死によって「私」の存在は完結しない。それどころか、生殖によって「私」の死後に至るまで、「私」の時間が開かれてしまうとヨナスは言うのである。「私」の人生が終了した後にまで「私」の時間を開く存在である乳飲み子の利益は、「私」の自己利益に還元されえないがゆえに無私の領域を開く。これに対し、同時代の虐げられている同胞の福祉への配慮も責任の源泉、根拠足りえるのではないかという反論が想定される。ヨナスは、同時代の同胞の福祉に関して、それは各自の自己利益に還元できる、と述べる（Cf. ibid.）。つまり、この経済学批判から開始

第6章　ハンス・ヨナスの自然哲学と未来倫理

されるヨナスの倫理学は，世代内の成員に対して次世代以降の成員に倫理的優越をはっきりと認める点において，ホッブズ以来の社会契約説的な構想とも異なる．

　このことは何よりも科学技術がもたらす最終的な帰結が不確定であるところに起因する．ヨナスはその将来の帰結に対する「警告的な予測」が必要と説いた（Ibid.: 87）．これは後に，『責任』の中で「恐れという発見術」と名を変えて継承される（Jonas 1979: S. 63〔49頁〕）．すなわち，将来にどのような帰結がありうるか，科学的なデータに基づきそのイメージをとらえよという「第一の義務」がまさにそれである．「未来倫理」にはそのイメージによって現在を生きる私たち自身の感情が動かされるように仕向けよという「第二の義務」もある．帰結が不確定である，ということは，常に複数のイメージが獲得されるということでもある．どのようなイメージが重視されるべきか？　ヨナスは常に悪いほうのイメージ，予測を真として受け入れる規則の導入を主張する．これは科学や技術に内在しない規則であるから，倫理学的規則を科学や技術へと外挿せよという主張である（Ebd.: S. 63-71〔49-57頁〕）．そしてこれらすべては，「汝の行為のもたらす因果的結果が，地球上で真に人間の名に値する生命が永続することと折り合うように，行為せよ」（Ebd.: S. 36〔22頁〕）という未来倫理の定言命法に基づいている．この定言命法自体も，「社会経済的知識と目的に関する無知」に経済学が本質的に倫理的な性質を持つことを証するべく記された「あなたの行為の影響が将来，経済的な営み life の可能性を破壊しないように行為せよ」（Jonas 2010: 97）から，倫理学的に発展させられたものなのだ．

5　「時間の相」のもとにある倫理学を目指して

　ヨナスは，『責任』において展開される倫理学を「未来倫理 Zukunftethik」と呼び，その責任は「永遠の相のもとに見るのではなく，時間の相のもと」（Ebd.: S. 242〔230頁〕）に見られなければならないと説く．これは直接的にはプラトンからヘーゲルに至る西洋思想史の伝統を意識して書かれた言葉であるが，時間的文脈が倫理における本質の構成要素ではないといういわゆる「無知のヴェール」が示唆する観点とは別の観点をヨナスが示していることを証するには

117

第Ⅱ部　未来の環境倫理学

十分である.

　時間を生きるいのちに対する直接的な責任が主体に生じる. 責任を呼びかけられる主体は常に個別具体的な「私」である. しかし例えばヘーゲルの先述の議論を振り返るに, どれほど個別具体的な「私」であったとしても, 「人間」という種でなければそれは「私」でさえない. ヘーゲルは概念的本質の方を個体よりも重視する. さりとて, ヨナスはその「未来倫理」において「私」と責任対象たる「他者」を普遍に対してはるかに先行するものとしてとらえるが, それは実存主義的倫理学ではない.

　時間を生きるいのち, とすぐ手前に記した. ヨナスの倫理学において, 責任対象の原型は「乳飲み子 Säugling」である. 乳飲み子は常に個別具体的な「この」乳飲み子である. なぜ, 「乳飲み子」が責任対象の原型として位置づけられるのか? ヨナスの著作を敷衍して書くなら, 乳飲み子はそれ自体一つの個別具体的な生命体としてれっきとした存在であることを端的に自ら証明している一方で, 自立した成人が自分の面倒を見るようには行かず, 生命維持に関する一切合切を誰か他の者にやってもらわねばならないという特殊な存在様態であるからだ.

　ヨナスは『責任』の中で, 生命そのものの性質として「生きる」という目的が, 言いかえれば実在の傾向が「生物体全体の内部での消化や消化器官に」内在していると説く (Ebd.: S. 144 〔130-131 頁〕). この「目的」ないし実在の傾向を, 「私」は自らの身体において日々確認している. 例えば空腹になるし, のども渇く. 生き物としての客観的な目的が, 「私」の身体経験において告知されるのである. 『責任という原理』の中で参照が指示されている『生命の哲学』第5章において, ヨナスは新陳代謝が単なる物質の通過ではないならば, 物質そのものとは別の自己同一性が存すると説く. この自己同一性は, 世界から独立した有機体という組織と不可分である. 言いかえると, 「私」の経験は, 常に世界と相対する身体の経験である. (Jonas 1973: S. 166-169 〔168-172 頁〕) 以上を踏まえて考えてみると, 今目の前で泣いている乳飲み子がいたら, その子が生きるという目的を自分自身だけでは実現しえないと「私」は自らの身体経験に照らして気づくのであって, その時にこの「乳飲み子」に対する責任が発生すると考えることができる. また, この身体経験は, 人間以外の生き物に

118

第6章　ハンス・ヨナスの自然哲学と未来倫理

対しても照らし合わせることが可能である．例えば，「私」自身が空腹を経験
したことがなければ，自分の飼い猫が空腹だと分かるかどうかは怪しい．ヨナ
スは，責任対象に「原理的には全ての生物」が当てはまると述べる（Ebd.:
S. 185〔174頁〕）．しかし人間だけに責任能力がある．この責任能力が，いかな
る人間も「常にすでに責任を持っているということを意味している」（Ebd.
〔174頁〕）．この責任能力[4]があることと，事実上責任を負っていることが「人
間存在に分かちがたく属している」（Ebd.〔174頁〕）．これを言いかえるならば，
責任においてはじめて私は人間としての「私」に，そして「あなた」になるの
である．

　ところで，上記の定言命法は人類が「人間として」存続するよう義務付ける
ものであるから，義務の対象は人間の実在と不可分の「人間の理念 Idee des
Menschen」（Ebd.: S. 91〔76頁〕）である．しかし，この理念を守ることを可能
にする人間の倫理的性質としての責任性を振り返ってみるに，責任の原対象は
目の前にいる一人の，決してほかの乳飲み子ではないこの乳飲み子である．と
は言え，人類に対する責任と，この乳飲み子に対するそれとは違うものであり，
同じ責任としては語れないのではないか？

　ここで，この乳飲み子に対するもっとも個人的な親の責任と，まさに人間の
理念に対するもっとも公共的な政治家の責任というヨナスが提起した責任の2
典型が持つ，「全体性」「連続性」「未来」という三つの共通する性質について
考えてみたい．この三つが責任それ自体の性質をあらわしていて，二つの典型
が両極となり挟み込む間に，三つの性質を共有する多様な責任が考えられるの
だという[5]．「全体性」とは，責任が責任対象の文字通り全体に及ぶという意味
である．タクシー運転手が乗客を安全に，目的地まで送り届けるという一つの
任務にのみ責任を負うのに対し，親は乳飲み子の，政治家は国民の生命から幸
福追求に至るまですべてに対して責任を負う．「連続性」とは絶えず責任にお
いて応答や解決が求められる課題が次々に押し寄せてくるということであると

　4　「責任」の倫理学を解明するためには，この責任能力についてもテキストに内在的に詳
　　細に解明することが必要であるが，改めて別稿の課題とする．

　5　ヨナスの責任倫理学における「乳飲み子」及び「典型」に関するより詳細な検討につい
　　て，以下を参照（山本 2018）．

119

第Ⅱ部　未来の環境倫理学

同時に，課題を解決する生それ自体が自らの出生前から死後にまで続く射程の中にあるという意味である．そして「未来」とは，親の責任が子が成人した時点で，政治家の責任が自らが引退し次の世代に国家を引き渡した時点で終了するが，自らが責任を果たすべく行った行為の帰結は責任の終了後に訪れるということである（Vgl., ebd., S. 189-221〔179-210頁〕）．ということは，その帰結に至るまでの時間が行為とともに生み出されたということになる．そして，人類の科学技術による行為の最終的な帰結は，その当事者の死後に初めてもたらされるだろう．つまり，現在世代が生み出す時間も，「私」の生み出す時間も，各々の死後に開放されている．「私」が死んだら，「後は野となれ山となれ」とはいかないのである．また，すべての人間は，必ず生まれてきた存在であり，自分を産んだ親を持つ．その意味において，たとえ今自分に子供がいなくとも，すべての人間は「生殖の秩序 Fortpflanzungsordnung」（Ebd.: S. 241〔229頁〕）に属しているとヨナスは整理する．この「生殖の秩序」においてあることによって，先述の通り「私」は自らの身体の生き死にに閉じられた一人の時間を生きるのではなく，責任対象との関係において作り出される時間を生きている．親の責任は端的に「生殖の秩序」そのものにかかわっており，政治家の責任もまた，「生殖の秩序」を前提に行使されてきた．改めて「未来倫理」を言う場合，この「生殖の秩序」自体が配慮の対象になることを意味している．

　繰り返しになるが，この「生殖の秩序」のもとにある人類の今のありようは，有機体と環境との相互的な影響が平衡状態にある中で，つまり根本的に偶然の積み重ねの上に成り立っている．さらに言えば，その積み重ねの根底には「不死」と言われつつ，今日科学技術の浸透によって脅かされている生殖質のリレーがある．このリレーを各自がおのれの身体で担っているという事実から，責任は発する．人間が倫理的であるということ，それは「人間の理念」として表現されているのだが，それはヨナスによれば「我々はこの世界の内部で今ある我々になったのだという事実の十分さ」であり，「人間の自然本性の十分さ」であり，「生成の流れの中には保護されるべき無限なものがある」ということなのだ（Ebd., S. 73-74〔60頁〕）．しかし今や，倫理的配慮を可能にする「自然本性の十分さ」すら脅かしているのが人類である．

第6章　ハンス・ヨナスの自然哲学と未来倫理

6　結語——ヨナスの「未来倫理」とこれからの環境倫理学

　私たちは「生殖の秩序」において大小多様な責任関係から生み出される複数の時間を常に同時に生きている．例えば，チェルノブイリ原発事故から30年が経過し，その間の事故処理や被曝への対処をロシア人，ウクライナ人，ベラルーシ人たちは経験してきた．2011年には福島第一原発事故が起こったが，チェルノブイリは福島でこれから起こりうることを全てではないにしろ先取りしている．黎明期のいわゆる「世代間倫理」は一つの時間軸の上ですべての人間が生きていると暗黙の裡に想定していたのではないだろうか．それゆえに，将来世代の権利を先取して保障することの困難という問題にぶつかったと考えられる．人間の行為とその帰結のタイムラグが大きくなるという科学技術文明特有の事情と，そもそも責任的な行為によって各自が時間を生み出しているという人間の根本的な事実を踏まえ，今や現在世代と将来世代をシームレスに慮らなくてはならない状況に対し，既に生じてしまったことを踏まえて現在世代が将来世代のために慮ることが考えられる．チェルノブイリで起こったことが，日本では起こらないかもしれない．しかし仮に起こってしまったらどのような現実が待っているのかを，かなりの確度で知ることができる場合，ヨナスの未来倫理は現在世代と将来世代を人間としてつなぐ倫理として価値を発揮するはずである．

　興味深いことに，ロールズは各自の善を実現するために必要な基本財（その中には自尊心も含まれている）の分配をいう．ロールズの言う「善」とは私的な人生設計上の目標であって，言ってみれば各自の幸福追求を最も公平になしうる社会の制度設計を目指した倫理学である．これに対してヨナスの未来倫理は，生きることに本質的に伴う苦しさ，しんどさに耐えて生き抜けるように自分の子供や次世代全体を育むことを権利—義務の対称性から独立した「根本義務Grundpflicht」であるとする（Ebd.: S. 89〔74頁〕）．そのしんどさは公害の苦しさに限定されない，むしろ生老病死の苦しさである．代々根本義務を果たせるようにすること，実はこれが前述の「人間の理念」である．つまり，ヨナスの倫理学は配分的正義の根底に，自分たちが産んでしまった子たちへの配慮を置

121

第II部　未来の環境倫理学

くという環境正義論における一つの選択肢を提供する．このヨナスの倫理学は，次世代以降に対する配慮をそれ以外の政策と同じ水準で妥協点を見出そうとする「政策」に対し異議を突き付ける．ただし，このことは本書で吉永が取り上げた Taebi の議論において，世代内不正義を受忍することを端的に求めるものではない．仮に放射性廃棄物が国際的に集約された地域に住む者たちがいのちをつなぐことを阻害され，それが是認されるならば，まさにそこで「人間の理念」が放棄されているからである．その阻害を回避するためにあらゆる方策がとられねばならないのである[6]．

　もう一つ，本書で熊坂が論じているように，「環境徳」として名指しうる徳目は現状では非常に多様に想定されており，確定されてはいない．一方でヨナスの倫理学における「善」は常に責任対象の側にあり，自己の道徳的醸成としての徳は主題化されていない．しかし，先述した「未来倫理」の二つの義務，特にその第二の義務，すなわち予測される将来の帰結に対して感情が動かされるように自ら仕向ける義務の履行を想定した場合，それができる人物にはある種の徳性が明らかに備わっている．この徳性が責任の履行と不可分である以上，ヨナスの「未来倫理」を環境徳倫理学の一種として位置づけることもまた可能であろう．

　ただしその場合，『責任という原理』の副題，「技術文明に対する一つの倫理学の試論 Versuch einer Ethik für die technologische Zivilisation」が明示しているように，ヨナスの「未来倫理」が徹頭徹尾技術によって引き起こされる人為的な帰結を慮る倫理学であることに留意する必要がある．「環境徳」それ自体には，それこそ原生自然に対する愛着のようなものも含まれる．福島第一原子力発電所大事故の後，日本における新たな環境倫理学が模索される中で，高橋隆雄は「笑い事ではないことを，笑って話せる闊達さ」を持って生きることが天災に際しても人災に際しても求められると主張している（高橋 2013: 204-205）．この「闊達さ」も明らかに一つの環境徳と考えられるが，自然災害に相対する徳ある態度と，技術に起因する人為的な災害に相対する徳ある態度の区別は必

6　将来，特定の共同体の住環境を放射性廃棄物の処分が脅かすことがどうしても避けられないということになってしまった場合にも，第I部イントロダクションで言及した前福島県双葉町町長井戸川克隆が実現を目指していた「仮の町」構想が参考になりはしないか．

要ではないか．天災の被害者が被害を忍んで被災地で生き抜く姿勢を，人災の被害者に求めることにより，被害の補償の正当な請求が不道徳であるように解されたりすることはないだろうか．反面，地球温暖化問題が好例だが，将来世代に対して技術がどの程度のネガティブな影響を与えているのか，あるいはまるで与えていないのか，確定しづらい事例も今後ますます増えるだろう．自然と人為をきれいに分けることはどこまで可能だろうか．また，これから生じる事柄に対する現在世代の倫理と，すでに起こってしまった事態に相対する倫理の関係も問題である．危機と不確実性が増す中で，いかなる環境徳が求められるか，ヨナスの未来倫理がそれとどのように関連してくるか，さらなる研究が必要である．

参考文献

Hegel, G. W. F.（1970a）*Enzyklopädie der philosophischen Wissenschaften im Grundrisse (1830) I Die Wissenschaft der Logik mit den mündlichen Zusätzen*, Werke in zwanzig Bänden, Bd. 8, Frankfurt am Main.（＝1996，真下信一・宮本十蔵訳『改訳 小論理学』岩波書店）．

Hegel, G. W. F.（1970b）*Phänomenologie des Geistes*, Werke, Bd. 3, Frankfurt am Main.（＝1997，樫山欽四郎訳『精神現象学（上）』平凡社ライブラリー）．

Hegel, G. W. F.（1978）*Enzyklopädie der philosophischen Wissenschaften im Grundrisse (1830) II Die Naturphilosophie mit den mündlichen Zusätzen*, Werke in zwanzig Bänden, Bd. 9, Frankfurt am Main.（＝1999，加藤尚武訳『自然哲学 上巻・下巻』岩波書店）．

Jonas, H.（1973）*Organismus und Freiheit. Ansätze zu einer philosophische Biologie*, Göttingen.（＝2008，細見和之・吉本陵訳『生命の哲学』法政大学出版局）．

Jonas, H.（1979）*Das Prinzip Verantwortung. Versuch einer Ethik für die techinologische Zivilisation*, Frankfurt am Main.（＝2000，加藤尚武監訳『責任という原理』東信堂）．

Jonas, H.（2003）*Erinnerungen*, Frankfurt am Main und Leipzig.（＝2010，盛永審一郎，木下喬，馬淵浩二，山本達訳『回想記』東信堂）．

Jonas, H.（2010）*Philosophical Essays from ancient creed to technological man*, New York.

井戸川克隆（2015）『なぜ私は町民を埼玉に避難させたのか』駒草出版.

井戸川克隆・山本剛史・吉永明弘・熊坂元大・寺本剛・増田敬祐（2017）「井戸川克隆さんインタビュー 福島第一原発事故と「仮の町」構想」『環境倫理』第1号，38-170頁.

カーソン, R., 青樹簗一訳（1974）『沈黙の春』新潮文庫.

加藤尚武（2000）「訳者あとがき」『責任という原理』東信堂.

第 II 部　未来の環境倫理学

高橋隆雄（2013）『「共災」の論理』九州大学出版会.

ピエール゠デュピュイ，J., 桑田光平・本田貴久訳（2012）『ありえないことが現実になるとき 賢明な破局論に向けて』筑摩書房.

細見和之（2008）「訳者あとがき」『生命の哲学』法政大学出版局.

ロールズ，J., 中山竜一訳（2006）『万民の法』岩波書店.

ロールズ，J., 川本隆史・福間聡・神島裕子訳（2010）『正義論　改訂版』紀伊國屋書店.

山本剛史（2012）「ヨナス倫理学における『犠牲』について」『医学哲学・医学倫理』第 30 号（日本医学哲学・倫理学会），52-62 頁.

山本剛史（2018）「ハンス・ヨナスの倫理学における『乳飲み子』の意義」『生命（いのち）の倫理と宗教的霊性』ぷねうま社.

第7章　気候工学とカタストロフィ

桑　田　　学

1　はじめに

　従来，気候変動をめぐる議論では，温暖化の主因となっている人間活動起源の温室効果ガスの排出削減（緩和策 mitigation）に重点が置かれ，すでに生じつつある気候変動の影響（豪雨や渇水，海面上昇など）については，社会経済システムの側での調整による被害の軽減や予防（適応策 adaptation）が図られるべきだといわれてきた．しかし，近年，それらとは異質な第三の措置として，「気候システムそのものを意図的に改変する」技術の可能性に大きな関心が集まりつつある．「ジオエンジニアリング geoengineering」や「気候工学 climate engineering」，「気候介入 climate intervention」などと総称される技術である（以下，気候工学で統一する）．

　気候工学技術は，緩和策や適応策と異なり，生物地球化学的なプロセスへの直接的かつ大規模な介入と操作を試みるものであり，地球上に（潜在的に）生きるすべての生物と無生物に対して不可逆かつ不確実な影響を与える可能性がある．それだけに，気候工学の研究・開発・実施にかんして，技術工学的な観点とともに，むしろ倫理的・社会的・政治的な視点からそのリスクがさまざまに指摘されてきている．じっさい，2009 年に英国王立協会が発表した報告書 *Geoengineering the Climate* は，「気候工学の成功にとって最大の難問は，科学的・技術的問題というよりむしろ，ガバナンスに伴う社会的・倫理的・法的・政治的課題」（Royal Society 2009: xi）であると指摘している．

　しかし問題は本当に気候工学技術の・ガ・バ・ナ・ン・スのあり方に尽きるであろうか．そもそも地球の気候システムを人為的に操作・改変する技術の開発や使用が，現代社会あるいは人類一般にとって何を「意味」するのかさえまったくもって

第Ⅱ部　未来の環境倫理学

明らかでない．気候工学の現実化は，従来の人類と気候あるいは自然との——規範と事実両面における——関係性のみならず，気候変動対策をとりまくさまざまな権力関係を大きく変質させる可能性がある．技術哲学のなかで繰り返し問われてきたように，技術はそれを使用する人間の意図や道徳性，あるいは社会・政治的文脈にたいして「中立的手段」ではありえない[1]．だからこそ核技術や生命技術と同様に，気候工学についても人文・社会科学的な視点からの考察が絶対的に必要となる．問われるべき論点は多岐にわたるが，紙幅の関係上，本章ではひとまず，気候工学研究が要請され正当化されてきた背景と文脈を確認し，その倫理・政治的意味を考察することに議論を限定することにしたい．

2　気候工学とはなにか

英国王立協会の報告書は，気候工学を「人間活動起源の気候変動を緩和するための地球環境の意図的な大規模操作」('deliberate large-scale manipulation of the planetary environment to counteract anthropogenic climate change') と定義している (Royal Society 2009: 1)．一般に，その具体的な手法は，①二酸化炭素の吸収を促進する，または大気から直接回収することで CO_2 濃度を人為的に引き下げる「二酸化炭素除去」(Carbon Dioxide Removal, CDR)[2] と，②太陽入射光を抑制して，地球を冷却する「太陽放射管理」(Solar Radiation Management, SRM) との二つに大別される．なかでも現在その実現可能性がもっとも有力視されているのは，太陽放射管理の一つである「成層圏エアロゾル注入」(stratospheric aerosol injection) である (以下 SAI と略記する)．SAI はおよそ上空 20 km に硫酸エアロゾルを散布し，太陽入射光の反射率を高めることによ

1　技術を中立的手段とみる，いわゆる「道具主義」への批判はハイデガーの技術論以来，多くの議論が存在する．近年の著作として，技術の「道徳的媒介」をさまざま事例とともに論じた Verbeek (2011) がある．

2　二酸化炭素除去（CDR）には，燃料や大気からの二酸化炭素回収隔離（Carbon dioxide Capture and Storage: CCS）のほか，陸上植性・土壌への貯留の増加や海洋深層への輸送の強化を通じた自然の炭素循環の改変技術などがある．あくまで対処療法に留まる SRM と異なり，CDR は地球温暖化の主因を直接取り除くものであるが，即効性や実施コストの点で現在では実現可能性は高くない．詳しくは杉山 (2011)，杉山・西岡・藤原 (2011) および増田 (2015) を参照．

126

って，全球的な気温上昇を抑える技術である．これは大規模火山噴火後に生じる全球的な気温低下と基本的に同じ原理にもとづく．

SAI はしばしば「安い cheap」「迅速 fast」「不完全 imperfect」という三つの点から特徴づけられる（Keith et al. 2010）．SAI は，太陽放射の反射を増やす技術のなかでも技術的困難がもっとも小さく，また即効性があり，しかも緩和策や適応策に比して直接的な実施コストが格段に低い．王立協会の試算によれば，排出削減策のコストと比べオーダーで三桁も安価であるとされている．SAI に大きな期待がかけられている所以は，まさにこの「安く」「迅速」だという点にある[3]．

しかし，他方で「不完全」と特徴づけられるように，SAI が気候に与える影響には気象学的副作用や不確実性が存在する．たとえば全球の水循環を弱める効果をもつことや，アフリカやアジアのモンスーン地域における降水量減少の可能性，さらにオゾン層破壊の促進や海洋酸性化問題を解決できないなどの弱点が指摘されている（太陽放射管理全般に共通する問題）．なかでも懸念されるのが，いわゆる「終端問題 termination problem」である．これは温室効果ガス濃度が十分下がっていない状態で SAI を停止すると，急激な温度上昇が生じてしまうという問題である．緩和努力によって温室効果ガス濃度が十分に低下しない限り，SAI を容易に停止することはできない．場合によっては，CO_2 の滞留時間である数百年・数千年という超長期にわたって成層圏へのエアロゾル散布を継続しなければならない事態も起こりうる．SAI は本質的に対症療法にすぎず，緩和策の代替策とはなりえない．

3 なぜ気候工学なのか

こうした副作用や不確実なリスクが存在するにもかかわらず，気候工学が急速に大きな関心を集めるのはなぜなのか．もちろん SAI にかかわる直接的な経済コストの低さが，大幅な CO_2 削減努力（またそれに伴う対策コスト）を求

3　生態系へのプラスの影響として，SAI による散乱光の増大が植物の光合成を促進する（結果として CO_2 吸収も増大する）という点が挙げられる．他方でそれは集光型の太陽エネルギー利用には不利に働くだろう．

第Ⅱ部　未来の環境倫理学

められる先進諸国にとって大きな魅力になりうることは間違いない．しかしそれほど問題は単純でもない．従来，気候工学は「モラルハザード」の問題が懸念され，有効な温暖化対策として取り上げることは忌避されてきた．SAI の研究開発が進むことで，それが気候変動にたいする一つの「保険」とみなされ，緩和策推進への努力が市民や政府のあいだで大きく低下し，結果として先進国の過剰消費やこれを支える経済構造・エネルギー政策など社会・政治的問題が軽視される事態を招くことが危惧されたのである．以下で見るように，SAI は，実施に直接かかわる経済コストのみならず，貨幣タームでは（少なくとも適切に）評価不可能なさまざまな社会的・道徳的コストを生じるだろう．このように実施コストや技術の単純さというだけでは，SAI の実施はもちろん，本格的な研究推進を正当化する論拠としてじつは脆弱であった．

　むしろ SAI を正当化する強力な背景を形づくってきたのは，「気候のカタストロフィ」ないし「気候の非常事態 climate emergency」が生じる蓋然性の高まりである．現在のペースで温室効果ガス排出が継続していけば，突発的に急激な気候変動が生じる「閾値」や「臨界域 tipping point」を超えてしまうおそれがある．SAI は，緩和策が失敗に終わった——あるいは手遅れとなった——場合に生じうる気候のカオス化を回避するための，「予防—先制的措置」として登場したのである．まさにこのタイプの議論を展開して，SAI の関心を飛躍的に高めたのが，オゾンホール研究でノーベル化学賞を受賞したドイツ人大気化学者，パウル・クルッツェンの 2006 年の論考「成層圏への硫黄注入によるアルベド強化」であった（Cruzen 2006）．以後，人為による気候改変がなかばタブー視されていたそれまでの状況は一変し，気候工学研究が飛躍的に活発化した．そしてそれらの多くが気候工学を正当化する根拠として気候のカタストロフィの回避を掲げたのである[4]．以下，倫理学者ステファン・ガーディナーの

4　非常事態回避を理由に気候工学を正当化する議論は英国王立協会の報告書のほか，さまざまな論考に見いだされる．たとえば Caldeira and Keith（2010）の主張はその典型であるといえる．
　「好むと好まざるとにかかわらず，気候の非常事態は一つの可能性であり，気候工学が地球規模のカタストロフィを回避する唯一手頃な価格で利用できる速効性のあるオプションとなるだろう．……共通の問題はこうである．なぜ SRM の実験を屋外でいま行うべきなのか．気候の非常事態が生じれば，そのときはじめて SRM の屋外実験を行うのは無謀

128

分析（Gardiner 2011, Ch. 10）に拠りつつ，この「気候のカタストロフィ論」[5]を立ち入って分析してみよう．その立論は次のように整理することができる．

　i．地球規模の排出削減が気候変動に対処する最善の方法である．

　ii．しかし，過去の排出に大きな責任を負う先進国の「政治的惰性」のために，この15年間，温室効果ガス排出削減努力は「大いなる失敗」に終わっており，この趨勢は近い将来変わるとは考えられない．

　iii．排出削減に実質的な前進が見込まれないならば，ある時点で「気候のカタストロフィ」が現実化するか，あるいは「気候工学」を実施するかの選択を迫られるだろう．

　iv．気候のカタストロフィも，気候工学も，ともに「悪」である．

　v．ただし気候工学は「まだましな悪 the lesser evil」である．現実に選択を迫られたときには，人類は気候工学を選択すべきである．

　vi．けれども，気候工学の本格的な「研究」を開始しなければ，先の選択が現実化した場合に気候工学を選び取ることは不可能となってしまう．

　vii．未来における破局（気候の非常事態）が予測されるならば，未来の世代への責任の観点からも，「保険／プランB」として気候工学の「研究」をいますぐ開始するのが正しい選択である．

　さて，上記の立論に関して確認すべきポイントがいくつかある．第一に，SAIは緩和策に比して，望ましくない措置として位置づけられていること，しかし第二に，気候の非常事態（カタストロフィ）という「悪」に比べれば，それは「まだましな悪」に留まること，さらに第三に，気候工学の研究が要請されるのは，気候変動問題に大きな責任を負うべき先進工業国の「政治的惰性 political inertia」のために，温室効果ガス排出削減の努力が「大いなる失敗に

　　だからである．少なくとも気候の非常事態のリスクが存在し，SRMがその状況を緩和するのに役立つのであれば，非常事態が現実化する以前にこの手法をテストしておくのが不可避であるように思われる」（Caldeira and Keith 2010: 57, 62）．

5　なおこの立場は，Asayama（2015）における「終末論的破局主義 apocalyptic catastrophism」とほぼ同一のものと考えてよい．

第 II 部　未来の環境倫理学

終わっ」てしまっていること，第四に，気候工学の「実施」には慎重であるべきだが，必要な場合にはいつでも実施に移行できるよう「研究」をすぐに開始する必要があること，である．こうした立論は，たとえ緩和策に進展がみられても，その実質的効果が発揮されるにはかなりのタイムラグが存在する事実を踏まえると，まったく理に適った主張であるように見える．だがここには見過ごすことのできない危うさも同時に存在している．

　まず，気候のカタストロフィ論が想定するように，「研究」と「開発」あるいは「実施」とは，それぞれ明確に区別される独立した実践として理解することができるだろうか（Jamieson 1996; Gardiner 2010）．むしろ「滑りやすい坂 slippery slope」と呼ばれるように，一定規模の研究資金が投入されれば，費用対効果の観点からも，研究活動の段階を越えて SAI の本格実施に向けた「制度的な推進力 institutional momentum」が働くだろう．また「研究の推進」というのはあまりに漠然としており，無内容である．個々の科学者や専門ジャーナル単位での研究で良いのか，それとも大規模な屋外実験に着手すべきなのか，あるいは国家規模で実施される気候工学の「マンハッタン計画」のようなものが検討されるべきなのか，その研究の中身やレベルはさまざま想定可能である．いうまでもなく，研究が大規模化すればするほど，研究と実施の境界はますます曖昧化するだろう．

　そしてより本質的な問題は，クルッツェンのカタストロフィ論では，じっさいには二つの異なる水準で，ある種の「カタストロフィ」的状況が想定されているという点である．ひとつは大幅な CO_2 排出削減に成功しない場合に発生する「気候の非常事態」である．これは「臨界域」を超えたさいに発生する閾値現象——非線形的で不可逆的な気候変化——と考えられているものである．極端な気象現象に加え，永久凍土の溶解，氷床崩壊，海洋深層大循環の停止など連鎖的に生じる事象の複合としての「気候システム全体のカオス化」といってよい．こうした切迫した非常事態の到来を科学者が予測することが，気候工学の緊急的な実施という選択を現実的かつ魅力的なものにしていることは間違いない．

　しかし，緩和策はそもそもなぜ失敗した（している）のかをいま一度思い起こしてみなければならない．クルッツェンは，緩和策が気候変動に対処する

130

「はるかに好ましい方法」であるにもかかわらず，1990年以来，二酸化炭素排出を削減する努力は，「大いに不成功に終わった」と主張している．世界全体を見ても，主要先進国を見ても，温室効果ガスの排出量は増大し続けてきた．そしてこの現状維持の趨勢，すなわち政治的・社会的惰性が近い将来，急激に方向転換するというのは「実現する見込みのない希望」であり，緩和の大きな前進に楽観的な見通しをもつことはほとんど不可能だというのである（Crutzen 2006: 217）．ここにこそ，先の「気候システムのカオス化」とは区別される，もう一つの，いわば社会的な「カタストロフィ」がみいだされる．すなわち，クルッツェンに限らず，気候のカタストロフィ論の根底には，求められる排出削減に向けた政治的調整が国内的も国際的にも大いなる機能不全に陥っているというかなり強い諦念が存在しているのである．そしてカタストロフィ論においてSAI研究がもち出される根本的な理由が既存の政治的・社会的な解決の失敗にあるという点は，SAIの倫理的意味を考えるうえで決定的に重要な意味をもっている．

4 道徳性の破局

さて，ガーディナーはこうした「カタストロフか，それとも気候工学か」という二者択一的な状況へと人類を追い込む政治の機能不全は，気候変動問題に特有の「道徳性の破局 moral perfect storm」という背景的状況によって助長されていると分析している．「道徳性の破局」とは，人間活動起源の気候変動が人類にもたらしている倫理的な苦境，すなわち「倫理的に行為するわれわれの能力を脅かす複数の要因が集中する」複合的な災厄を指している．ガーディナーによれば，道徳性の破局は次の三つの異なる「災厄」によって構成されている（Gardiner 2010a; 2011, Ch. 1）．

一つ目はグローバルな災厄である．温室効果ガスの排出源とその影響や帰結は，国境や地域的な境界を越えて世界中に広がるため，排出する者がこれを直接に自覚することは困難である．またいうまでもなく気候変動の原因となるのは非常に多くの個人および集団であって，特定の主体ではない．こうした状況では「コモンズの悲劇」が容易に生じるが，「悲劇」を回避するため排出を規

第Ⅱ部　未来の環境倫理学

制する実効力のあるグローバルな機関や体制の構築はいまなお難しい状況にある．さらに豊かな先進国は温室効果ガス排出に対して大きな責任を負っている一方，その直接的な影響に晒される可能性が高いのは，多くの場合，経済的に貧しい地域の住民であり，ここには原因に対する責任と現実の被害との地理的な乖離が存在する．しかも貧しい低開発国は先進国の責任を追及するための十分な政治的・経済的な交渉力を欠いているため，先進国における排出緩和に向けた取り組みが先送りされる状況が生じやすくなっている．

　二つ目は世代間の災厄である．気候変動は影響には大きなタイムラグが生じやすく，その影響の大部分は現在世代ではなく，むしろ未来の世代により強く降りかかる可能性がある．たとえば人間が排出する温室効果ガスのうち主要なものは二酸化炭素であるが，二酸化炭素分子の多くは数百年，10〜15％は1万年，7％は10万年もの途方もない超長期にわたって大気中に残留するといわれている．どの世代も，彼ら自身の同時代的な問題に強く動機づけられてしまうならば，このようなタイムラグによって，どの世代も「世代間の責任転嫁 intergenerational buck-passing」という誘惑に否応なく晒されることになる．

　三つ目に理論上の災厄がある．われわれは現在にいたるまで，地球温暖化政策をめぐる倫理的な課題について共有された理解に至っていない．すでに相当な研究努力が重ねられてきたにもかかわらず，科学的な不確実性における意思決定のあり方，グローバルな正義や世代間正義，また他の動物や自然存在に対する人間の義務や責任といった倫理問題について合意されたグランド・セオリーや原則をいまなお欠いている．この事態は先の二つの災厄と結びついて，過剰なエネルギー・資源消費に依存している先進諸国の生活様式に対する倫理的な責任追及をいっそう困難にしている．

　ガーディナーによれば，こうした「道徳性の破局」という状況のなかで，緩和策や適応策にかかわる政治的合意やその実現に向けた社会的調整がうまく機能せず，とりわけ現状から大きな利益を得ている（ゆえに多くの場合，政治的・経済的に大きな影響力を持っている）人々は，いっそう「道徳的腐敗 moral corruption」──「道徳的言説を自らの目的のために捻じ曲げる」行為──に陥りやすくなっている．すでに述べたように，SAI にたいしては，それが緩和策失敗の際の「保険」とみなされ，緩和へのインセンティブや関心が社会的にも政府

第7章　気候工学とカタストロフィ

間でも大きく低下し，地球温暖化対策が全体として後退するという「モラルハザード」の問題が従来から懸念されてきたが，「道徳性の破局」とはいわばモラルハザードそのものが生じる，現に存在するより根本的な背景的条件といえるだろう．

　こうした「道徳性の破局」という文脈に置き直してSAIがもつ意味についてさらに検討を加えよう．

　第一に，SAIはグローバルな破局をさらに悪化させる可能性があるだろう．地球規模でのSAIの実施が，新たな気候体制のもとで勝者と敗者を作り出す可能性があることは広く指摘されている．とくに南米やアフリカ，東南アジアで降雨量の減少は，農業生産性や飲み水（気候変化に強い影響を受ける財）の利用条件に大きな損害を与え，これらの地域の人々の生存条件をいま以上に悪化させることが予想される．だが，CO_2排出に関していえば，これらの地域の住民は，加害者というよりむしろ被害者である．問題に最小限の責任しかない人々が，気候変動のみならず，SAIに伴う危害やコストをも被るとすれば，それは不正の上塗りである．温室効果ガス排出による気候変動が，先進国による低開発国に対する最初の不正であるとすれば，SAIの実施に伴う副作用の低開発国への被害の集中は，いわゆる「複合的不正義 compound injustice」（Shue 1992）であるというほかない．過去から累積的かつ複合的に積み重ねられてきた国際関係上の不利な地位が，気候変動をめぐる被害や交渉の場でも低開発国の地位を拘束し続けているという事実は繰り返し指摘されてきたが，この点は，気候工学をめぐる議論においてもその前提となる歴史的条件として認識される必要がある（Preston 2012）．

　第二に，SAIは世代間の破局をも悪化させる危険性がある．SAI実施に伴う特定地域の気候条件の悪化は，その地域に生まれてくる未来の世代の生存条件をも左右することを意味する．また，SAIを気温の適切な調整のために用いるには，エアロゾル粒子は連続的に補充される必要があり，粒子が成層圏に留まらなければ，急激な温度上昇を引き起こす（＝終端問題）．したがって，SAIが現在世代の排出削減努力を怠らせることになれば（つまり大気中の二酸化炭素濃度が十分に下がっていなければ），未来世代はSAIを取りやめた場合に生じる危険な気候変動を免れるために，SAIを実施し続けることを否応なく強制される

133

第II部　未来の環境倫理学

ことになる．しかも，大規模なテロや戦争，あるいは深刻な経済危機などの他の「社会的災厄 social collapse」によって SAI に中断が生じる可能性は決してゼロにはなりえない．その場合には，未来世代は社会的災厄と，SAI 中断による過酷な気候現象（急激な温暖化）という「二重のカタストロフィ」に見舞われることになりかねない（Baum et al. 2013）．

5　非常事態のポリティクス

これまで「道徳性の破局」が生じているなかでの SAI の実施は，「公正な気候レジームの確立するための諸条件」，すなわち「道徳的環境 moral climate」をいっそう悪化させる危険性を孕んでいることを確認してきた（Hourdequin 2012）．そのうえで最後に，上記の考察を踏まえて，SAI を民主的にガバナンスすることの意味，またその可能性について検討しておきたい．

SAI の研究活動や屋外実験，あるいは本格的な実施についてその政治的・倫理的な正当性を確保するという観点からは，選択される気候変動政策の影響を多少とも被る可能性のある国内外の多様な主体（未来世代を含め）の利害，さらには絶滅の危機に瀕する人間以外の動植物のニーズを，何らかの形で反映するような適正な手続き（ガバナンス）を構築する必要性が指摘されてきた（Preston 2013）[6]．しかし，SAI 研究が要請されてきた背景を改めて確認すれば，そこには科学者の警告を真に受けない市民や政府にたいする，あるいは思い切った緩和策を進めていくための政治的民主主義それ自体への強い「諦念」の存在があった——なぜなら，必要な緩和策を実行していく政治的・社会的調整が機能不全に陥るからこそ，気候の非常事態が到来するのであるから．ここには，「政治的解決への強い懐疑・諦念」と「ガバナンスへの過剰な期待」という，「政治的なもの」への相矛盾する態度が存在する．つまり，気候の非常事態の

6　たとえば研究活動のガバナンスについては，すでに 2010 年にアメリカ合衆国で，気候工学に関するアロシマ国際会議が開かれ，多様な分野の専門家に市民団体やメディア関係者も含めて研究のガイドラインが検討された．アロシマ会議の科学組織委員会の報告書では，i)「集合的な利益の促進」，ii)「責任の明確化」，iii)「公開と協力に基づく研究」，iv)「反復的な評価・アセスメント」，v)「市民の関与と合意」が原則として採用されている（ASOC 2010）.

134

到来が予測されるなかで，切札的に SAI が要請されているのは，いままさに
地球温暖化対策の適切なガバナンスに失敗しているからだ，というパラドキシ
カルな状況が存在しているのである．だが，道徳性の破局と気候をめぐる「政
治の機能不全」という根本問題が解決されないと前提しながらも，ある意味で
は緩和策よりはるかに複雑で困難な SAI の民主的なガバナンスを担う政治的
な調整能力があたかも社会の側で担保されると期待するような議論は，説得力
が決定的に欠けている．さらに，SAI のガバナンスを困難にすると考えられる
要因として二つの点をつけ加えておこう．

　第一に，「SAI によって冷却された世界」と「排出削減によって冷却された
世界」は根本的に異なるという点である．SAI を実施した後の世界は，たとえ
温度上昇が抑えられているとしても，産業革命期以前の気候条件を回復した
「自然な」状態などではない．SAI を実施した世界では，ある気候条件のもと
で，以前より恩恵を得る集団と逆に不利益を被る集団とが生まれるが，こうし
た受益と受苦の分配は，意図的な選択と行為（すなわち SAI）の結果としてみ
なされるようになる．たとえば，日照りや旱魃，巨大ハリケーンの発生など，
SAI 実施以後のあらゆる極端な気候現象はおしなべて「意図的操作の結果」，
「社会的な構築物」となる．気候がきわめて多くの要因が複合的に絡み合うシ
ステムであることを踏まえれば，ある気候現象が自然の事象であるのか，温室
効果ガス排出の結果であるのか，あるいは気候工学の結果であるか，その判断
は困難をきわめるだろう（Robock 2012）．このことは，SAI 実施以後の世界で
は，そうした気候の事象に伴って発生するさまざまな受益や受苦を原則的には
たえず分配的正義の問題として扱わざるを得なくなることを意味する．しかし，
さまざまに変化する気候条件下で生じる利益や不利益を正義の問題として政治
的に処理し続けることに，人類の知性はそもそも耐えうるのであろうか．それ
こそ「政治」や「ガバナンス」へのあまりに過剰な期待である．

　第二に，そもそも「気候の非常事態」は自明な状態ではない．どのような事
態が「非常事態」であるかは，科学的合理性によってのみ決定可能な技術的問
題ではない．それは多分に「価値負荷的」であり政治的である．「2012 年にハ
リケーン・サンディがニューヨークとニュージャージーを襲ったさい，それは
非常事態とみなされたが，カリブ海や南アジアの一部では，より巨大なハリケ

第Ⅱ部　未来の環境倫理学

ーンや熱帯低気圧がありふれた現実の生活となっている．……非常事態という
主張は価値負荷的であり，まったく相対的なものでありうる」(Jamieson 2014:
221)．とりわけ政治において「非常事態」や「例外状態」と呼ばれる状況下で
は，通常の民主的な意思決定や手続きの要件が緩和ないし一時停止されるのが
一般的であるため，非常事態の定義，決定手続きおよびその正当性――非常事
態の到来を誰がどのような方法で予測し判断するのか，誰が非常事態の到来を
宣言する正当な権限をもつのか，など――が重大な政治的意味をもつことにな
る．しかも気候のカタストロフィ論においてSAIは，破局的な非常事態が予
期される段階における「安全」確保を目的とした「先制的措置 pre-emption」
あるいは「先制攻撃」という性格をもっている点に注意しなければならない
(Cooper 2010; Clark 2014)．

> 事実，気候の非常事態というレトリックは先制のロジックに依拠している．
> 未来における潜在的な非常事態の予測が――しかしそれが起こるのかどう
> か，いかにして起こるのかについては十分に知られていない――そうした
> 非常事態を回避する現在の行為を必然化する．改変された気候それ自体で
> はなく，改変された気候の将来の影響という脅威が気候工学を正当化する．
> そのようなものとして，気候工学による「技術的解決」という考えを支え
> ているのは，未来の気候をアポカリプティックなものとして想像する破局
> 主義である（Asayama 2015: 90)．

　歴史的に，非常事態や秩序・安全の危機への潜在的脅威は，統治権力が法規
範や道徳を踏み越えて行使される「例外状態」を正当化するための装置として
機能してきた．テロや内戦，激甚災害の発生時に持ち出されるように，非常事
態の概念は，統治技術の法や道徳からの逸脱，民主的な手続きの失効という含
意をはじめから含みこんでいる．それはいわば緊急の政治目的によって行使さ
れる規範侵害といってよい．煩わしく時間のかかる民主的な調整を行っていて
は手遅れになる事態（緊急の必要）であるからこそ，それは「非常事態」と呼
ばれうるのである（Agamben 2003)．SAIにたいして批判的な論者は，「非常
事態」への言及それ自体が，民主的な手続きやガバナンスの一時停止（本当に

136

「一時的」なもので済むかどうかともかくも）が織り込まれていることの証左であると疑っている（Clark 2014: 29）．気候の非常事態が厳格な規定なく用いられれば，恣意的な権力行使を防ぎうる規範的限界が事実上存在しないような状態が生じうるだろう．地球規模の気候の非常事態は「例外状態の常態化」という事態を招きかねない．

6 おわりに

これまで見てきたように，「気候の非常事態」に依拠する SAI の正当化論は，それがいくら「ガバナンス」の重要性に訴えたとしても，気候変動問題をめぐる現実の文脈に照らしてみるならば，倫理的かつ政治的に，多くの未解決の問題を積み残した議論であることがわかる．現在の気候変動問題の根本にある道徳性の破局や社会・政治的惰性という事態に正面から取り組むことなしに，あるいは非常事態についての厳格な規定抜きに SAI の研究開発が推進されてしまえば，それは緩和策に大きな責任を負っている「ゆたかな社会」の道徳的腐敗を助長し，結局，民主的な正当性の調達なしに実施（テクノクラート的な統治権力の行使）へと踏み切られる可能性があるという多くの SAI 批判者の懸念は，容易には覆しがたい．

けれども，人類がすでに緩和策だけでは気候の非常事態を回避不可能な地点にすでに達してしまったとすればどうだろうか．ここで，クルッツェンが気候工学にかんする論考を書く数年前から，「人新世 Anthropocene」——人間活動が地層にまで恒久的な痕跡を残すほどにまで地球の大気や海の組成，地形や生物圏を不可逆的に変化させるに至った比類なき時代——という新たな地質時代の到来をいちはやく主張していた事実を想起する必要があろう（Crutzen and Stoermer 2000）[7]．先に述べたように，温室効果ガスが大気中に滞留する期間はきわめて長く，かりに即座に温室効果ガスの排出をゼロにできたとしても，すでに大量排出された CO_2 の影響まで取り除くことはできない．そしてそれによる気候の閾値現象——カタストロフィ——の現実化がもはや避けられないと

---

7 人新世をめぐる言説における気候工学の位置については，桑田（2017）を参照．

第II部　未来の環境倫理学

するならば，大気中の CO_2 濃度が十分に引き下がるまでのあいだ，「時間稼ぎ
の手段」として SAI の実施に踏み切らざるを得なくなるという事態は容易に
考えられる．この立論はおそらく，SAI の研究開発および実施を倫理的に正当
化しうる有力な論拠となりうるものである（Svoboda 2016）．

　ただし同時につけ加えなければならないのは，この「時間稼ぎ」という場合
には，事の本質からいって，SAI の実施とともに，実質的な CO_2 排出削減へ
の継続的な努力が前提されていることである．すなわち，SAI があくまで一時
的な措置に留まるという条件は，温室効果ガスの実質的削減に向けた国際的お
よび国内的な政治的・社会的調整がうまく機能し，現実に削減努力が進められ
ているという事実に裏打ちされていなければならない．このような気候政策の
国際的・国内的なガバナンスが現に機能している世界では，SAI に研究開発や
実施においてもすぐれた政治的・社会的な調整力が発揮されるだろうと，ある
程度は期待することができるだろう．

　言い換えればこうである．SAI の研究推進および実施が，倫理的に正当化さ
れるとすれば，むしろクルッツェンとは逆のことが言われなければならないは
ずである．すなわち，SAI が正当化されるのは，緩和策に向けた国際的な
（「気候の正義」に適った）ガバナンス体制が構築され，そのもとで排出緩和努
力が現実に遂行されているとき，その場合に限られると．たとえ「人新世」と
呼ばれる破局的時代にあって人類が気候工学を選び取らざるをえなくなったと
しても，それは気候変動をめぐる政治的苦境をいっそう困難なものにすること
はあれ，そこからわれわれを解放する「技術的解決」ではけっしてありえない
のであるから．

　　＊本章の内容は，環境省環境研究総合推進費：戦略的研究プロジェクト S-10「地球
　　　規模の気候変動リスク管理戦略の構築に関する総合的研究」（2012〜2016 年）のテ
　　　ーマ 5「気候変動リスク管理における科学的合理性と社会的合理性の相互作用に関
　　　する研究」での成果にもとづいている．

参考文献

Agamben, G. (2003) *Stato di eccezione*, Torino, Bollati Boringhieri; 上村忠男・中村勝
　　己訳『例外状態』未来社，2007 年.
Asayama, S. (2015) "Catastrophism toward 'opening up' or 'closing down'? Going be-

第7章 気候工学とカタストロフィ

yond the apocalyptic future and geoengineering", *Current Sociology* 63(1), 89-93.

Asilomar Scientific Organizing Committee (ASOC) (2010) *The Asilomar Conference Recommendations on Principle for Research into Climate Engineering Techniques*, Climate Institute, Washington D. C.

Baum, S. D. et al. (2013) "Double catastrophe: intermittent stratospheric geoengineering induced by social collapse", *Environment Systems & Decisions* 33(1), 168-180.

Caldeira, K. and Keith, D. W. (2010) "The Need for Climate Engineering Research", *Issues in Science and Technology* 27(1), 57-62.

Clark, N. (2014) "Geo-politics and the disaster of the Anthropocene", in M. Tironi et al (eds.) *Disasters and Politics: Materials, Experiments, Preparedness*, Wiley-Blackwell.

Cooper, M. (2010) "Turbulent Worlds: Financial Markets and Environmental Crisis" *Theory, Culture and Society* 27, 167-190.

Crutzen, P. J. (2006) "Albedo Enhancement by Stratospheric Sulfur Injections: A Contribution to Resolve a Policy Dilemma", *Climatic Change* 77, 211-219.

Crutzen, P. J. and Stoermer, E. F. 2000: "The Anthropocene," *Global Change Newsletter* 41, 17-18.

Gardiner, S. M. (2010) "Is 'Arming the Future' with Geoengineering really the Lesser Evil? ", in Gardiner, S. M. et al (eds.), *Climate Ethics: Essential Readings*, New York: Oxford University Press.

Gardiner, S. M. (2011) *A Perfect Moral Storm: The ethical tragedy of climate change*, New York: Oxford University Press.

Hourdequin, M. (2012) "Geoengineering, Solidarity, and Moral Risk" in Christopher J. Preston (ed.), *Engineering the Climate: The Ethics of Solar Radiation Management*, Lexington Books.

Jamieson, D. (1996) "Ethics and Intentional Climate Change", *Climatic Change* 33, 323-336.

Jamieson, D. (2014) *Reason in a Dark Time*, Oxford: Oxford University Press.

Keith, D. W. (2000) "Geoengineering the Climate: History and Prospect", *Annual Review of Energy and the Environement* 25, 245-284.

Keith, D. W. et al. (2010) "Research on global sun block needed now", *Nature* 463, 426-427.

Preston, C. J. (2012) "Solar Radiation Management and Vulnerable Populations: The Moral Deficit and its Prospects", in C. J. Preston (ed.), *Engineering the Climate: The Ethics of Solar Radiation Management*, Lexington Books.

Preston, C. J. (2013) "Ethics and Geoengineering: reviewing the moral issues raised by solar radiation management and carbon dioxide removal", *WiREs Clim Change* 4: 23-37.

Robock, A. (2012) "Will Geoengineering with Solar Radiation Management ever be Used?," *Ethics, Policy and Environment* 15, 202-205.

Royal Society（2009）*Geoengineering the Climate: Science, governance and uncertainty*（Royal Society Policy document 10/09）.

Shue, H.（1992）"The Unavoidability of Justice," in A. Hurrell & B. Kingsbury（eds.）, *The International Politics of the Environment*, New York: Oxford University Press.

Svoboda, T.（2016）"Aerosol Geoengineering Development and Fairness", *Environmental Values* 25: 51-68.

Verbeek, P.（2011）*Moralizing Technology: Understanding and Designing the Morality of Things*, The University of Chicago Press（＝2015, 鈴木俊洋訳『技術の道徳化：事物の道徳性を理解し設計する』法政大学出版局）.

桑田学（2017）「人新世と気候工学」『現代思想』45(22), 122-130 頁.

杉山昌広（2011）『気候工学入門：新たな温暖化対策ジオエンジニアリング』日刊工業新聞社.

杉山昌広・西岡純・藤原正智（2011）「気候工学（ジオエンジニアリング)」『天気』58(7), 577-598 頁.

増田耕一（2015）「気候工学：ジオエンジニアリング, 意図的気候改変」, *Petrotech* 38(7), 473-477 頁.

第8章 「人新世」時代の環境倫理学

福 永 真 弓

1 環境の現代的定義——コントとユクスキュル

いまや，わたしたちの暮らす生活空間や自然全体も含めて，環境は人間によりデザインされる対象として語られるようになった．ここでいうデザインとは，人間としてもちえる能力（象徴化，概念化，想像，価値づけ，計画，社会文化的実践，行為など）をもって，ある対象とその対象が座する時空間ごと，思い描いたように変化させようと企図し，働きかけようとすることである．環境をデザインする，という言葉がすんなりと受け止められる人もいれば，そもそも環境とはデザインできるものなのか，と疑念を抱く人もいるだろう．環境デザインという言葉は既に世にあふれている．他方，環境の中にある，人間以外の生きものや岩や水などのモノ，風や川の流れなどの息づく世界を，人間の能力で想像し創造することなどできるのか，という疑いを持つのも当然であろう．環境デザインとは，人の力がおよばない，およそわたしたちの人類史よりもはるかに長く在り続けてきたものに対して，わたしたちはそれらを操作できる，と言い切っているようなものだからだ．どちらも感覚としてまっとうである．わたしたちはまさに，この矛盾する感覚を両手に持ってバランスよく歩いて行くことを求められる，奇妙な時代にいるのだ．

本章では，人新世（anthropocene）[1] とも称されるようになった現在において，

---

1 産業革命期ごろから，地球は惑星システムに人間活動が干渉する新しい時代となった，というもともとは地質学的な時代区分にある言葉．2000 年に入り，大気化学者の P. J. クルッツェンが使って広く議論されるようになった（Crutzen 2000）．彼にとっては，気候変動の影響を押しとどめるための気候工学を後押しする意図が込められた言葉でもある．この言葉が使われる際，大きく分けて二つの立場に別れて議論が進められている．一つは，取り返しのつかない惑星規模の変容をもたらした，産業革命以降の人間活動を強く自省的

第Ⅱ部　未来の環境倫理学

どのような「環境」がわたしたちの前に現れているのかを確認したうえで，環境倫理学が向きあうべき課題と，そのための新たな方法論の可能性について考えてみたい．環境倫理学でながく論じられてきた人間中心主義と非人間中心主義の議論は，いったん乗り越えられるべき概念として対象化された．しかし現在，この二項対立的な二つの概念は，かたちを変えて新たな概念化のもとにある．そして環境をめぐる倫理は新しい方法論を必要としている．そのことを議論する前に，環境がデザインの対象となった現代の状況について，まずは確認しておこう．

そもそも，環境とは何のことを意味するのだろうか．そのことについて考えなければ，環境がデザインの対象となる，ということの意味も考えにくい．環境とは，わたしたちの周りにある風や岩や水などの物理的なものや事象を意味するのか，それとも人間以外の生きものたちのことを意味するのか．物理的に人間が作ってきた建物や，制度・システムなどの人工物もそこには含まれるのだろうか．国連の持続可能な開発目標（SDGs）をみれば，「環境問題」と括られている問題群の中には，貧困や人権侵害問題なども含まれている．それらも環境の問題であるというのなら，環境は社会的な状況も意味するということになる．

環境とは何か，という問いには，まずは，その言葉が使われてきた来歴をたどるのが良いだろう．日本語の環境は，もともと中国で用いられていた「四方のさかい．周囲の境界．まわり」を意味する言葉に，特に明治期以降，他言語の翻訳語として意味の拡幅や新しい意味が付与されながら定義し直され，用いられてきた（『日本国語大辞典』2001：1246）．

では，日本語の環境が翻訳の対象語として取り入れてきた，欧米の現代的な環境の概念は，どのような来歴をもっているだろうか．フランスの科学哲学者ジョルジュ・カンギレムは，「生体と環境」というエッセイの中で，環境という言葉が18世紀の生物学の影響のもとで再構成され，どのような意味を帯び

に批判する立場．もう一つは，すでに人間活動の及ばぬ所のない状況にあって，わたしたちはどのように適応・緩和策を講じることができ，人間とそれ以外の生命が生きる新しい世界をどのように構築できるか，そのデザインを積極的に行う立場である．詳細については，桑田学による第7章を参照．

ながら科学の対象となったかを描写している．カンギレムはラマルク，ニュートンらの物理学と生物学の交差するところに再構成されはじめた環境概念が，18世紀末から19世紀前半にかけて活躍した社会学者のオーギュスト・コントにより明確に概念化され，世に顕されたと指摘している（Canguilhem 1952＝2002）．コントは，生物としての人間も含めて，およそ人間社会のあらゆる側面を包括的に捉えるために，諸学問を統合した新たな学問として社会学を創出しようとした．コントの定義する「環境（milieu）」とは，「すべての有機体の生存に必要な外部条件の全体」のことである．コントが具体的に考えていた人間にとっての環境は，生物としての人間が依存し必要とする空気，水，大地などが含まれる．これらを便宜的に自然環境と括っておこう．同時にコントの環境は，たとえば人間の成長過程において教育が外部条件となるように，人間が生きる上で必要な外部条件として家族，階層，制度，法体系などの社会・文化的環境を含む．ゆえに，コントの議論までさかのぼり考えれば，本章の最初の一連の問いは，すべてそのとおり含まれる，という答えを返すことになろう．「有機体の生存に必要な外部条件のすべて」を包括的に捉えようとするのが，彼の環境概念であった．

　前述したカンギレムは，コントの環境概念の確立によって，状況や取り囲むといった意味合いから離れて純粋に，有機体との関係性からなる体系，モノ，事象として，科学的な分析の対象となる概念がここで形成されたことを指摘している．環境はコントによって，人間が操作し，コントロールする対象へと塑形されたのである．他方，カンギレムは，コントの環境概念が，有機体とその環境のあいだの弁証法的関係性に開かれていることに着目し，人間にとって環境が切り離せない要素として著述されていることにも注目を促している（Canguilhem 1952＝2002）．

　コントの環境概念からおよそ100年後，生物学からは，人間以外の生きものの世界を科学的に著述し，あらためて人とその環境の関係性を別の観点から問う著作が生まれた．生物学者のヤコブ・フォン・ユクスキュルの「環世界（Umwelt）」に関する一連の議論がそれである．ユクスキュルは，世界（Welt）や地理学的・物理的環境（Umgebung）と区別して，それぞれの生きものの主体的環境である「環世界」という概念を提示した（ユクスキュルとクリサート

第Ⅱ部　未来の環境倫理学

1934＝1973）．彼は，ダニの例をあげながら，種や個体群によって，感覚器官もたがえば知覚する世界も違うこと，それぞれが価値，意味やニーズをみずからの外から発せられる記号として感じ取り相互に関わり合うことによって，それぞれの環世界が構成されていることを論じた．ユクスキュルは，当時の原子論的・機械論的な生物学とはまったく異なる路線を打ちたて，環世界を経験する生命としての「主体」の存在を明らかにした[2]．そして，主体が体系化された記号群，記号を認識し，解釈して想像していく記号過程を，主体と環世界をつなぐ「機能環」と定義した．

　ユクスキュルの環世界概念は，進化論的な生物同士の関係性への着目ではなく，生物と環世界との相互作用する関係性から，生きものの生命それ自体を再考させる画期的な著作であった．同時に，「環世界」はきわめてシンプルに，わたしたちの世界が，複数の環世界の多重的に存在する世界であること，そして，人間を中心とした見方が，唯一の世界の見方ではないことをわたしたちに示してもいた．それゆえに，ユクスキュルの著作は，生物学者による生物の生きる世界の科学的記述という意味を超えて，人間以外の生命をどのように尊重すべきか，道具的価値を単に見いだされる存在ではないものとして考えるべきではないのか，という環境倫理学の議論にも影響を与えてきた．

　コントとユクスキュル，二人の環境概念について見てきたが，これらは今でも古びることなく，むしろその示唆する内容は現代において新たに展開され，いっそう意味を持つようになった．カンギレムの指摘と共に確認してきたように，まさに環境という概念をたてることによって，わたしたちはそれを操作もコントロールも可能なもの，科学の対象として，周囲にある人間以外の生命，モノ（無機物），事象をみなしてきた．現在このような概念化は，対象の規模

2　ここでいう「主体」は，人間を表す「主体」とは一線を画す．ユクスキュルの「主体」は，当時，生命をめぐって機械論と生気論とに二分されていた議論を超えることを意図して著されており，記号論的な生命過程をみずから客体に働きかけて行い，主体—客体の連続した相互関係からなる環世界を生み出す「主体」である．このようなユクスキュルの議論は，エルンスト＝カッシーラーやマルティン＝ハイデガー，メルロ＝ポンティら，象徴や記号，場所や環境に着目する数多くの哲学者に影響を与えた．後に言及するエドゥアルド・コーンもまた同様である．現代においては，彼の思想は生物記号学（biosemiotics）という学問の基礎となっていることも付記しておく．

第8章 「人新世」時代の環境倫理学

を変えて再びわたしたちの目の前に現れつつある．すなわち，後ほど述べるように，気候変動には気候工学を，人間活動の結果変容した生態系には「再野生化」[3] を，というように，惑星規模から身近な生態系に至るまで，操作もコントロールも可能な環境として再び捉えられ始めている．それは，実在しないものを商品として概念化する市場や資本システム，複雑化したリスク社会そのものに対しても同様であり，だからこそ，これらをひっくるめた外部条件の全体としての環境を「デザイン」する，という言葉が蔓延するのである．

　他方，ユクスキュルの環境概念は現在，ポストヒューマン，あるいはマルチスピーシーズと呼ばれる新しい非人間中心主義的な環境の記述のなかで再び大きな意味を持ち始めている．これらの新たな動きからみえるのは，ちょうど1970年代に応用倫理学の一つとして環境倫理学が生まれ，そこで生み出された人間中心主義と非人間中心主義という二項対立的なカテゴリが，再び呼び戻されているという構図である．この「呼び戻された二項対立」がもつ意味から議論をさらに進めてみよう．

2　自然と人間の二項対立的対置とその乗り越え

　この節では，二項対立的な人間と自然の対置，人間中心主義と非人間中心主義を軸として環境倫理学で議論が始まり，1980年代にそれを乗り越えようとした議論が展開されたことを述べよう．

　そもそも環境問題が国際的な社会問題として広く認識されたのは，1972年の国連人間環境会議（ストックホルム）以降である．経済のグローバル化，大量消費・生産社会の深化と拡大，科学技術の進展などが複雑に絡み合いながら，かつてないリスク社会と人間活動の広がりによる環境問題の深刻化に直面され

　3　再野生化（rewildering）自体は，1970年代ごろからヨーロッパを中心に行われているもので，すでにその地域の生態系の在来種がいなくなったり，物理的条件としての河川のかたちが変えられたりしているところに，近隣から近縁種や遺伝子系群の近い集団を導入したり，河川のかたちを復元したりしながら，文字どおり「野生」の再生を行うものである．日本ではトキの野生復帰を思い浮かべてもらえると良いだろう．すでに工学的技術開発が積極的になされており，減災・防災や生態系サービスの創出などの別の目的が付与されながら進んでいる場合も多い．詳しくは（Lorimers 2015）を参照．

145

第II部　未来の環境倫理学

ていることが世界共通の問題となった.

　同時期に新たな応用倫理学として欧米で確立された環境倫理学は, 人間や人間社会の外部条件全体としての環境のなかでも, 自然環境, すなわち自然を中心に議論を展開してきた. ここでいう自然とは, 人間や人間活動とは関わりなく発生し, 自律的なシステムとして活動する, 人間以外の生命およびモノ, 事象の全体のことである. 自然の価値を哲学的に基礎づけ, 自然に対する倫理を構築することはどのように可能なのか. あるいは, 自然に対する倫理をわたしたち人間社会は遵守すべき倫理としてもつべきなのかどうか. 主に主題化されたのはこれら二つの問いである.

　これらの問いに対して, 環境倫理学では, 自然に道具的価値をみる人間中心主義的な立場と, 自然とは内在的価値を持つ他者だとみる非人間中心主義的立場, 二つの立場が二項対立的に対峙しながら議論が進められてきた. 自然を支配や操作, コントロールが可能な対象としてみる機械論的自然観のもとで, 自然を人間中心主義的に単なる道具としてみるべきなのか. 自然保護運動の中で醸成されてきた原生自然（wilderness）概念は, このような機械論的自然観に対するアンチテーゼでもあった. それは, 人間から独立した内在的価値をもつ自然を象徴する言葉として, また人間以外の生命の世界を記述する言葉として用いられてきた. 原生自然は, 単なる外部条件にできない存在として自然を概念化するための装置だったのである.

　しかしこのような二項対立的な人間中心主義・非人間中心主義の議論は, やがて 1980 年代になると乗り越えられるべき対象となりはじめ, 90 年代には明確に二項対立批判が繰り広げられるようになった. 日本の環境倫理学も, この二項対立的な見方への違和感から出発した. 日本のいったいどこに, 原生自然と概念的に冠せる場所があるだろうか. 里山の中で滅多に人の入らない信仰の対象とされる奥山であっても, それは長い間の日本列島における人間と自然の関わりの歴史の中にあって, 人間が関わっていない純粋な自然ではない. 「奥山」として人との関わりの中にある自然である. 日本の環境倫理学は, 実在としての人と自然の関わりを具体的に描写しながら, その様態や性質, 倫理規範を支えてきた環境観・思想を歴史的に紐解き, 現代社会の中の実践を支える実効性のある社会倫理とそのための政策・制度設計に寄与することを主眼に置い

146

第 8 章 「人新世」時代の環境倫理学

てきた（鬼頭 1996; 桑子 2013）．原生自然や人のいない自然という概念装置が
日本社会の人と自然の関わりの記述とずれること，ゆえに倫理規範についても，
地域知や民俗知，歴史的制度などを参照しつつ枠組みづくりをすることが目指
されてきたのである（鬼頭・福永編 2009）．これらの議論は，米国の環境倫理
学において 1990 年代に盛んになった，環境プラグマティズムと議論の方向性
を共有している．環境プラグマティズムは「弱い人間中心主義」を掲げ，実践
的な自然保全のための哲学的基礎を模索する立場である．特に，ガバナンスの
ための合意形成の場や，科学と社会的価値の統合の実践的導き手として，環境
倫理学が働くことが目指されてきた[4]（Norton 2005）．

　これらの議論に共通するのは，人と自然を二項対立的に捉えるのではなく，
むしろ人間と人間社会が依拠し，関わり合いながら相互に規定し合っている
「環境」として記述しようとする姿勢である．日本の環境倫理学は，社会の法
制度やシステム，観念や価値から，橋やダムなどの物理的な人工物まで，それ
ぞれの要素の「社会的リンク」（鬼頭 1996）の動態を解明したり，ある特定の
空間が経験した「履歴」（桑子 2013）を明らかにしたりすることで，相互規定
し合う人と自然の関わりの実態を把握し，その動的変容を記述してきた．そし
て，「自然」がどのように社会文化的に概念化されてきたのか，その思想や価
値の史的展開を踏まえながら，二項対立的ではない関係性についてどのような
「あるべき」姿が必要かについて論じてきた．

　米国の環境プラグマティズムも，自然の内在的価値をもっとも重要な価値と
考え，非人間中心主義な社会をつくることは非現実的だと考えた．そのため，
環境プラグマティストは「弱い」人間中心主義をとるべきだと主張する．人間
は，自分が選好充足のために依拠している価値や，経験的に得てきた価値認識
に対して自省的かつ批判的になりえるし，それらだけに縛られるわけではない
（それらのみに縛られ，環境破壊や社会的病理を引き起こしてきたのが強い人間中心
主義である）．むしろ，個人主義化したそれらを超え，人間であるからこそ求
めるべきだと考える理想や，集合的に得られた価値，論理や思考のなかで辿り
つく倫理規範のもとで必要な価値などにもとづいて選好し充足を得ることがで

4　環境プラグマティズム以降の欧米の環境倫理学の議論の一例として第 2 章を参照．

第II部　未来の環境倫理学

きる．弱い人間中心主義をとれる，というのである（Norton 1984）．弱い人間中心主義をとることで，都市や農業，自然資源管理など個別具体的な対象について，持続可能性やレジリエンスを目的として実践を行うための理論的素地が得られる．もっとも，その実践を行うにあたっては，人びとと共に，あるいはその周囲にどのような価値群があるのか，それぞれの個別具体的な事例について記述する必要がある．

　日本の環境倫理学と環境プラグマティズムの両者に共通しているもう一つの点は，個別具体的な事例の記述をもとに，共有すべき価値とは何か，政治的意志決定過程や制度，社会システムを動かす決定とはどのようにあるべきかについて，環境倫理学者がプラットフォームを形成し，民主的な制度設計とその実践に寄与することを目指そうとしてきたことである．これらの試みは，環境それ自体の変容と，環境の実態を描写するための記述方法の新たな展開に伴って再び岐路を迎えている．そして二項対立的な人間中心主義と非人間中心主義が呼び戻されている．次にその点について新しい「環境」概念から明らかにしよう．

3　新しい「環境」とその記述――ポストヒューマニティーズ

　新しい「環境」の記述とはどのようなものだろうか．本節では，三つの環境に関する記述方法について述べておこう．そのうちの一つは，システム生態学の進展以降，急速に広がったシステム論的な環境の記述である．二つ目は，「ローカルからの環境記述」である．システム論的な環境の記述と関連しながら，地域知や伝統的生態学的知識などに代表されるように，ローカルな知の体系を中心にした環境の記述である．最後に，ポストヒューマン，マルチスピーシーズという言葉に表される，非人間中心主義的な環境の記述について論じておこう．特に，「諸自己の生態学」という言葉と共に，せめぎあう生命のやりとりの場として環境を記号論的に読み解く，人類学からの新しい環境の記述について言及しておこう．これらの展開の中に，わたしたちは前項で確認した，オーギュスト・コントが概念化した環境や，ヤコブ・フォン・ユクスキュルの環境が再び姿を現していることをみるだろう．

148

まず，システム論的な環境の記述についてみてみよう．この議論は，「人間 = 自然システム（Coupled Human—Natural System, CHANS）」（Liu et al. 2007）あるいは「社会 = 生態システム（Social—Ecological System, SES）」（Berkes et al. 2003）と呼ばれる，地球科学，環境学やサステナビリティ・サイエンスといった新しい領域のもとで発展してきた記述である．このような科学的不確実性を前提に，人と自然のつながった一つのシステムの実態として世界をみようとする学問的営為は，システム生態学の研究成果を基盤として進んできた．生態学においては，あるひとまとまりの生態系には，安定的で決まった姿が存在する，という平衡状態が想定されてきた．この平衡と共にある自然像というのは，長く西欧社会において共有されてきた自然の見方であり，理想的な人間と自然の関係性の探求も，平衡状態を保持する，保全する，目指すといったことを念頭に行われてきた．しかしながら，1960 年代から進展したシステム生態学という新しい生態学は，非線形性・非平衡性が著しい，予測不可能で不確実性の高い系として生態系（ならびに生命そのもの）を捉えようとするものであった．そして，偶然性や歴史性，時空間の複数の規模や重層性に着目する，これまでとは異なる自然の見方を提示し，人文社会科学にも大きな影響を与え始めた（Scoones 1999）．

これらの問いに答えるものと期待され，多分野において SES や CHANS と抱き合わせのマネジメント論の基盤となっているのが，順応的管理（adaptive management）である．モニタリングとフィードバックを繰り返し，不確実かつ非定常的な系に対応しながら，持続可能性などの概念群を手がかりにマネジメントの方向性が定められる．そして，持続可能性，レジリエンス，脆弱性と頑健性という概念群が，人と自然が一体となったシステムが良好な状態であることを判断する指標として，なおかつ「〜すべき」規範を支える基礎概念として価値づけられる．

システム論的な環境記述は，2000 年に入って，人新世（anthropocene）という新しい時代区分のもと，各方面にさらに大きく影響を与えてきた．人新世という言葉は本来の地質学的な意味合いを超えて，気候変動を含め，これまでに積み重ねてきた人間活動による影響が，惑星規模でかつてない変容をもたらしていることを批判的に捉える言葉として用いられている．惑星規模での変容は，

第Ⅱ部　未来の環境倫理学

過去に参照点を求められない「新しい生態系（novel ecosystem）」（Hobbs et al. 2009）とそのマネジメントの必要性を生み出している．というのも，この変容の中では，今ある希少な生態系を保全すべき，というように，「ある」ことを「〜べき」を作る参照点にできないからだ．たとえば豪雨水害などに対応する上で，過去の事例や知識が参照できないとしたら，「〜べき」と，何を参照点に決められるのだろうか．わたしたちは既に，かつてあったものを復元できる自然再生の時代には生きていないし，生きられない．

　しかもわたしたちは，この「新しい生態系」を目の前にして，生態系サービスや価値を人間の利用のために保全したり生み出したりするために，再自然化あるいは再野生化といった形で，科学技術のもとに人間以外の生命の世界を作り出そうとしている．気候変動を止めるための気候工学や，再野生化，同じような機能とサービスを提供する生態系の一区画が再生できることを前提とした生態系オフセットなどが具体的な方策にあたる．それらは，人間が人間以外のものと生命の世界を生み出せるとする発想と，そのもとでの技術開発，技術と資本主義とのカップリングが進んでいることを示している．ここに，かつてノートンら環境プラグマティストや，日本の環境倫理学が批判してきた，強い人間中心主義が呼び戻されているのが見いだせよう．不確実性に対処するために適したシステム論的アプローチをとることは，機械論的自然観のもとでの道具的価値づけ，すなわち，人間以外のものと生命の世界は，そもそも，操作・コントロール可能な対象として支配できるという思考と矛盾しない．

　他方，「ローカルからの環境記述」は，参照点のない未知とリスクの「非知」のただ中にあるという現実を強く認識する．そして，支配の対象としてではなく，科学的合理性と社会的合理性を統合し，民主的ガバナンスの具体化と実践を試みることに主眼を置く．何か変化をおこすような科学・技術，統治に関する決定について，その妥当性や真理性をどのように判断すればよいのか．どのようなガバナンスの仕組みが具体的に可能なのかが主要な問いである．

　そもそも，順応的管理を行うためには，実在の社会─生態システムを把握するための記述が必要となる．その記述においては，社会的諸関係，統治機構，科学・技術，人間以外の生きものとモノがいかなる弁証法的諸関係性のもとで，実在する「環境」を作り上げてきたのか，そのように作り上げられてきた環境

に，わたしたちはどのような価値を与え，感情を抱いてきたのか，を記述する必要がある．この記述は人間中心主義の立場から，人びとの世界自体が複数性を持つことを念頭に置きつつ，行うほかない．

「ローカルからの環境記述」は，伝統的生態学的知識や，在来知，地域知など，人びとの日常的な経験の中で蓄積されてきた個別具体的な環境と人間との関わりに着眼する．そして，規則や制度のみならず，環境を解釈し資源化するうえでの象徴化や，そのための認識・思考枠組み，価値や世界観なども含めて知の体系として記述する．この記述方法は，人類学や地域研究，ポリティカルエコロジーや開発学などの分野で発展してきた．日本では，民俗学や社会学，地域研究などの分野から，具体的な地域環境史の記述と現在のエスノグラフィーを中心に議論が進められてきた．そして，それらを記述する段階から知識生産・実践・評価まで，公共に開いた仕組みを作り，順応的で民主的ローカル・ガバナンスを新しい生活様式の生産と共に構築することを目指す取り組みがなされてきた（菅 2013; 佐藤 2016; 菊池 2015; 丸山 2014; 宮内編 2017）．このような個別具体的な地域は，グローバルな消費・生産構造や，複数の価値づけや評価を行う知の体系のせめぎあう場であり，地域性がそのせめぎあいから生まれるものでもある．ナマコやマツタケなど，ある特定の生きものやモノの生産・流通・消費の過程を，複数の地域にわたって記述することで（マルチ・サイテッド・アプローチ），人工物と社会システムの中にある人間の向き合う「環境」が，単純な身の回りを超えた広がりをもつものであることを示す研究も行われてきた（赤嶺 2010; Tsing 2015）．同時にこれらの研究は，「生きもの」としてわたしたちの目の前にある人間以外の生命が，すでに人間との関わりのなかに埋め込まれて存在していることが，その面白さと可能性と共に，どのように人間と自然の関係性を考えるにせよ，動かしがたい前提条件となっていることを示す研究でもある．

しばしば CHANS や SES を支える補完的アプローチとして捉えられることも多いこれらの研究は，端的にいえば，環境の「実在」の様相を，特に地域社会として括られてきた領域，生態系の領域，モノが行き来する領域など，ある「ローカルさ」を設定して著述しようとする試みである．その特徴は人間以外の物的なものと，重層的な社会的諸関係の構造の中にあり，それゆえに立ち位

第Ⅱ部　未来の環境倫理学

置を違える多様な人びとの働きかけの相互作用から，世界を見ようとすることにある．だからこそ，CHANS や SES において工学的な実践運用や制度設計が進むのに伴いおきざりにされている重要な問題，すなわち，人間が一枚岩として描かれがちになり，人間社会の複数性や多様性，自由や社会正義といった議論が後景に陥るという問題にも向きあえる，重要な独立した研究領域である．

　さて，物的なものとの実践を介して実在としての環境を描写し，人間中心主義的な記述をいったん括弧に入れようとする試みは，別の形で人文社会科学からも提示されてきた．1980 年代半ばに花開いたアクター・ネットワーク・セオリー（Actor Network Theory，以下 ANT）と，ANT から新たに展開した物的記号論（Haraway 1991; Law 2008）という記述方法である．もともと，ANT 自体は，フランスの文化人類学者ブルーノ・ラトゥール，ミシェル・カロン，イギリスのジョン・ローらによって進められてきた議論である．ANT はいったん，自然と人間という認識的・概念的枠を一度取り外し，機械類，生きているもの，人間，思想や概念，制度，規模と大きさの差異，地理的配置の差異などを平衡的に作用し合うアクターとみなし，アクターが作用し合うアクター・ネットワークが多重にあってせめぎあっている様子と過程を記述する．アクター・ネットワークとはアクターが作用しあっている状態のことを指し，「ある期間，相互に結びついた一連の生物や無生物の要素から構成されるもの」（Callon 1987: 93）である．アクター・ネットワークによって生まれた，アクターたちが動き回る場をアクター・ワールドと呼ぶ．アクター・ワールドはある特定の一場面，出来事においてたちあがるものであり，それぞれのアクターは，他にも多様なアクターとの相互連関の下で別のアクター・ワールドにいる．アクターは，それぞれが作用し合うために他のアクターをとりこむべく「翻訳」を行う．その際に作られるのがシナリオであり，そのシナリオのもとでアクター・ワールドは顕在化する．もちろん，偶然に結びつけられたり作用したりしながら，アクターは作用し合うものであり，アクター同士の連結も事象の連結も，偶然におこったり，流動的であったりする．

　ANT を作り上げた論者の 1 人，ローは，自身が発展させた ANT を物的記号論（material semiotics）と名づける．ANT の論者はもともと，みずから価値醸成に寄与することや携わることを積極的に行うことを表明しているが，ロー

はさらにそれを推し進めて，記述すること自体が倫理性を帯び，何らかの現実への働きかけを促すもの，積極的に善悪の実践に関わることだと主張する．アクター・ネットワークを記述することは，その中のアクターが，自分たちの状況をより良くしたり，生きることの充実を求めたりしながらみずからネットワークを生み出し，アクターを巻き込み，実践を行っていく過程を記述することである．物的記号論というのは，新古典派経済学のように，実際にはありえない市場条件を想定して実際の市場活動を行うことを可能にするような，実在から離れた世界を生み出すのではなく，実在するものが実際に生み出している働きかけを記述する試みだからつけられた名である．

　ローは具体的に，ケニヤのアンボセリ国立公園のゾウの数が増えすぎた問題に言及する．ゾウの数を間引いてコントロールすべきか，国立公園内から増えた分を外に出して生かすべきか，外に出せばマサイの人びとの農業に打撃を与えるが，それをどうすべきか．動物行動学者，保全生物学者，それぞれが把握する「誰がその問題のアクターなのか」「アクター・ワールドやシナリオはどのようなものであるのか」が異なるため，それぞれの立場からみえる問題の現実の把握自体が異なってしまう．物的記号論は，これら二つの立場それぞれが把握している存在論的かつ認識論的現実について，それぞれの現実がどのように違っているかも明らかにすることができる．ローは，そうであるからこそ，その先に待つ規範・道徳的課題におのずからぶつかるのだという．すなわち，物的記号論を用いて実在から現実を見いだす者が，同時に「存在論的政治」を実践することになると主張する（Law 2008）．ケニヤのアンボセリ国立公園の例でいえば，「では，この膠着状態をどうするべきか」という実践が，現実の記述と共にただちに始まるのである．物的記号論の担い手の一人でもあるフェミニスト科学哲学者のダナ・ハラウェイの言葉を引用しながら，ローは，「無関心ではいられない」ゆえに，実在をたどって現実を記述することが，そのような価値判断や政治的振る舞いなどの実践を「どのように変えていけるだろうか」と模索する政治的・社会的実践になるのだという．

　ところで，ANT や物的記号論のなかのアクターは，人間であれ人間以外の生命であれ，いったい何に向かって働きかけを行おうとしているのか．その答えを，C. S. パースの記号論を援用しながら，「生ある未来（living future）」に

第Ⅱ部　未来の環境倫理学

向かっているのだと読み解き，記号論とANTを融合して新しい環境の記述を試みたのが，エドゥアルド・コーンの著書『森は考える』である．コーンは，現代は人間であることの臨界とその意味が問い直されている時代だと位置づける．なぜならば，人新世という時代は，人間的であることを超えた世界であり続けてきたはずの自然や，人間が生きる外部条件の全体としての環境が，「あまりにも人間的な」活動の中でデザインされ，作られていく新しい時代であるからだ．「あまりにも人間的な」活動とは，実在について象徴を介して認識・表現するような，言語を用いて実在から切り離されたところで概念を形成したり，価値を生み出したりすることを指す．このコーンの人新世の時代における新たな課題についての指摘は重要である．人が人以外の生命をデザインできるのか．生命をめぐる根本的な問いがここにあるからだ．

　ローと同様に，コーンの著作も，実在の把握とその記述から出発する．そして，人新世の時代において，人間以外の生命とは何であるのか，人間的なるものの彼方にあるものについて考えることが，人間がその時代において為すべきことは何かという倫理的命題を明らかにすることであり，それを新しい環境の記述を通じて模索することの重要性を指摘している（コーン　2013＝2016: 389）．

　コーンは，生命を記号論的過程として読み解き，「諸自己の生態学」として環境を記述する．それは，人間が言語を用いて解読してきた他の生命や環境の在り方を，言語以外の表象と意味の諸形式のもとに見直そうとする試みである．ユクスキュルが「環世界」としてやはりパースの記号論を援用しながら描きだそうとしたように，人間が与える表象や意味とは異なる「意味」や「思考」を，人間以外の生命もそれぞれ持っている．誰かがわたしたちに先行して生き，わたしたちの周囲に記号をおいていく．その記号を解釈し，再び新たな記号を生み出してわたしは生き，少し先の未来のわたしが解釈できる新しい記号を生み出す．それが，記号論的にわたしたちが生命を生きるということである．この「誰か」も「わたし」も人間である必要はなく，植物も動物も，周囲にある土や温度，湿り気，傾斜，他の生命などを記号として読み取って解釈し，再び自分の活動によって新たなものや出来事などを生み出して周囲を変えて新しく記号を生み出す．それが記号過程である．その記号を，別の生命や未来のわたしが受け取り，記号過程を行っていく．このことをもってコーンは，どの生ある

ものも，自己をもち，記号過程のなかで意味することや思考することを行うと表現する．このような人間および人間以外の諸自己が，それぞれ相互作用性をもって，あるいは，その場に共に在るけれども関わりを持っていないという非関係性をもって，「生ある未来」を目指す記号過程をせめぎあっている（コーン 2013＝2016）．環境とはそのように諸自己が解釈と記号の創出を絶え間なく行いせめぎあう場なのである．

　コーンは，人間と人間以外のものを非人間中心主義的立場から平衡に捉えようとすることを，ポストヒューマニティーズの記述とくくる．システム論的にそれを行おうとする CHANS や SES，コーンも依拠した ANT や物的記号論もまた，この意味でポストヒューマニティーズと括ることができるだろう．ただし，コーンが問題化したように，人間とそれ以外のもののあいだの区分をなかったことに，すべてを一つのシステムとして還元主義的に捉えてしまっては，共に在れる人間以外の生命について支配的に管理することを意味しかねない．「あまりにも人間的に」，人間を超えた領域の生命やその息づく環境についてデザインすることは，人間以外の生命が記号過程を「生ある未来」に向かってせめぎあって生きることそのものを縮減したり喪失させたりしてしまうことになってしまわないだろうか．そもそも，人間を超えた領域の生命や息づく環境について，そもそもデザインやマネジメントの対象にすることは可能なのだろうか．あるいは，すべきなのだろうか．コーンが試みたのは，人間を他の生命と共に生きる存在として，生命の地平から捉え直すことで，再び「人間なるもの，人間的なるものとは何か」を問いただす営みである．人間中心主義であることの意味も，その営みの中で問い直される．

4　再び，人間である／自然であることを問う
——プラットフォームとしての環境倫理学

　以上，現在現れている三つの新しい「環境」の記述について概観してきた．以下では，そこで明らかになったことを踏まえて，新たな環境倫理学の課題と方法論について考えてみたい．

　すでに見てきたように，SES と CHANS に代表されるシステム論的な環境

第Ⅱ部　未来の環境倫理学

記述は，支配と操作可能だとみなす人間中心主義的な態度の再生産につながっている．実はこの点は，1970年代の議論経験をもとに，人文社会科学者によってたびたび指摘されている．たとえば，米国を代表する環境社会学者のライリー・ダンラップは，SESやCHANSにおいて，特定の認識・価値づけの思考の枠から外れることができなくなってしまいかねない，と指摘する．ダンラップはさらに，その狭い範囲の中で対象をコントロール可能であるという見方にのみ込まれてしまうのではないか，という危惧を表明し，強い人間中心主義の再来に警鐘を鳴らす（Dunlap et al. 2015）．

ダンラップの批判に加えて，SESやCHANSが問われるべき重要な問いがもう一つある．すなわち，持続可能性やレジリエンスなど，これらのシステムの向かう方向やそれを判断する指標群の設定に倫理規範と価値づけは，なぜそれが妥当なものだとみなされうるのだろうか．この妥当性はなぜ正統化されるのだろうか．言い換えれば，持続可能性など指標とされている概念が規範的にふるまうことに，どのような合理性があるのか．さらに加えれば，それらは他の社会的合理性の中で妥当とされてきた規範的概念，自由や正義などとどのような競合をもちうるのか，という問いである．

他方，実在をどのように記述するか，に答えようとしてきたANTや物的記号論，そしてコーンの諸自己の生態学は，人間中心主義的な記述から降りることで，人間とは何か，人間的なるものが人間以外のものと生命の世界と関わるとはどのようなことか，人間固有の自由や創発性とは何で，それはこの世界にとってどのような意味を持つのか，を問いかけてきた．そのようなマルチスピーシーズの視点を獲得することで，人間の適切なふるまいを考えようと促す．このような人間中心主義の再来への疑義と共に，人間とは，人間的なふるまいとは何でどうあるべきか，が問われるのは，人びとの価値づけと知の多様な体系がせめぎあうローカルな現場である．

だが，「ローカルな環境記述」が苦闘しているように，ローカルな現場では，多様な価値づけと知の体系のせめぎあいをどう調整するか，どの価値づけや知の体系がある主題について優先されるべきかが，具体的な資源管理方法や制度構築・運営の模索と共に問われる．

ざっとみてきただけでも，応用倫理学としての環境倫理学がなすべき，そし

て求められている役割は多い．まずは，喫緊の課題となるのが，強い人間中心主義の再来への警鐘の検討とそれへの応答であろう．環境倫理学にとっては慣れ親しみつつも，これまで見てきたような新しい難しさが伴う営為である．なぜなら，新しい ANT らのマルチスピーシーズの観点から人間らしさを問うことも視野に入れながら，これまでの人間中心主義と非人間中心主義の議論経験をもって検討することが必要となるからだ．

　また，実在を記述するということは，物的記号論を論じたローが倫理的態度として表明していたように，記述するということ自体が，「無関心ではいられない」と認知する主体によって，他の複数の実在があるなかで行われる行為である．ゆえに，「ローカルな環境記述」もまた主張し実践しているように，人間のあいだで，そしてマルチスピーシーズのあいだで，重層的に多様な「実在」が存在する．また，価値づけや知の体系もせめぎ合う．そのせめぎ合いの中を泳ぎながら，人間とは，人間的なふるまいとは何かを問わねばならない．だが果たして，複数の実在を認識するとはどのようなことだろうか．せめぎ合いを泳ぐための作法はどのように設定できるのだろうか．これらの問いに向き合うためのプラットフォームになれるのは，環境倫理学であり，複数の実在を記述する方法論を考えられるのも環境倫理学のほかにないだろう．みずからもあるローカルな環境記述がなされている場に身を置きながら，あるいは複数の実在を互いに認識し合い，互いに腑分けをしながら，実践的に人間とは何かを考える場を作り出すこと．そして，せめぎ合いのあいだを泳ぐための作法を，調停者として整えて応答できるように場を開くこと．いわば，プラットフォームとして環境倫理学が機能されることが，今，必要ではないだろうか．もちろん，このことは，日本の環境倫理学や環境プラグマティズム，「ローカルな環境記述」が手探りでおこなっていた，現場に応答する方法の模索の延長上にあろう．その経験を踏まえつつ，プラットフォームとしての環境倫理学を整えることが，今求められている．

参考文献

Berkes, F. et al. (2003) *Navigating Social-Ecological System: Building Resilience for Complexity and Change*, Cambridge: Cambridge University Press.

第 II 部　未来の環境倫理学

Callon, M.（1987）"Society in the Making: The Study of Technology as a Tool for So-
ciological Analysis," in W. Bijker, T. Hughes & T. Pinch eds., *The Social Construc-
tion of Technological Systems: New Directions in the Sociology and History of
Technology*, Cambridge: The MIT Press.

Canguilhem, G.（1952）*La connaissance de la vie*, Paris: J. Vrin, reprinted in（1980）:
129-154.（＝2002, 杉山吉弘訳『生命の認識』法政大学出版局.）

Crutzen, P. J. & E. F. Stoermer（2000）"The 'Anthropocene,'" *Global Change News-
letter*, 41: 17-18.

Erikson E. H.（1950）*Childhood and society*. New York: Norton.

Haraway, D. J.（1991）*Simians, Cyborgs and Women: the Reinvention of Nature*,
New York: Routledge.

Hobbs, R. J, Higgs, E. and J. A. Harris（2009）"Novel ecosystems: implications for
conservation and restoration". *Trends in Ecology & Evolution*, 24(11): 599-605.

Law, J.（2008）"Actor-network theory and material semiotics," in Turner, Bryan S.
ed., *The New Blackwell Companion to Social Theory*, 3rd Edition. Oxford: Black-
well: 141-158.

Liu, J. et al.（2007）"Complexity of Coupled Human and Natural Systems," *Science*,
317(5844): 1513-1516.

Lorimer, J.（2015）*Wildlife in the Anthropocene: Conservation after Nature*, Minne-
apolis: University of Minnesota Press.

Norton, B. G.（1984）"Environmental Ethics and Weak Anthropocentrism," *Environ-
mental Ethics*, 6(2): 131-148.

Norton, B. G.（2005）*Sustainability: A Philosophy of Adaptive Ecosystem Manage-
ment*, Chicago: University of Chicago Press.

Rawlinson, M.（2016）*Just Life: Bioethics and the Future of Sexual Difference*, New
York: Columbia University Press.

Scoons, I.（1999）"NEW ECOLOGY AND THE SOCIAL SCIENCES: What Pros-
pects for a Fruitful Engagement?" *Annual Review of Anthropology*. 28: 479-507.

Tsing, A. L.（2015）*The Mushroom at the End of the World: On the Possibility of
Life in Capitalist Ruins*, Oxford: Princeton University Press.

赤嶺淳（2010）『ナマコを歩く：現場から考える生物多様性と文化多様性』新泉社.

鬼頭秀一（1996）『自然保護を問いなおす：環境倫理とネットワーク』筑摩新書.

鬼頭秀一（2015）「科学技術の不確実性とその倫理・社会問題」山脇直司編『科学・
技術と社会倫理：その統合的思想を探る』東京大学出版会.

桑子敏雄（2013）『生命と風景の哲学　「空間の履歴」から読み解く』岩波書店.

コーン, E., 奥野克巳訳（2013＝2016）『森は考える：人間的なるものを超えた人類
学』亜紀書房.

マーチャント, C., 団まりな訳（1980＝1985）『自然の死：科学革命と女, エコロジ
ー』工作舎.

丸山康司（2014）『再生可能エネルギーの社会化：社会的受容性から問いなおす』有
斐閣.

第 8 章 「人新世」時代の環境倫理学

ユクスキュル，J. v.，G. クリサート，日高敏隆・羽田節子訳（1934＝2005）『生物か
　ら見た世界』岩波文庫.

終　章　未来の環境倫理学のための二つの補論

吉　永　明　弘

1　はじめに

　これまでの章では，3.11 後の環境倫理学の姿を提示することをさまざまな角度から模索してきた．まずは 3.11 後の状況を見据えて，リスクや環境正義の議論を精緻化することが必要であり，第 1 章と第 4 章でそれを試みた．また，環境保全の動機づけをめぐって，「環境プラグマティズム」だけでなく「環境徳倫理学」の観点が重視され始めていることは，21 世紀に入ってからの動向としてきちんと伝えておく必要がある．第 5 章はその格好の入り口といえよう．

　具体的な話として，原子力発電所やそこからの放射性廃棄物に関しては，第 2 章と第 3 章で多くのページを割いて論じてきた．また気候工学のような新たな動向についても，第 7 章でその倫理的な問題点を追究した．それらの技術は，現在の人間と人間以外の存在だけでなく，将来の世代にも大きな影響を与えることがあらためて示されたといえよう．第 6 章で示されているように，ハンス・ヨナスの「未来倫理」の議論が，今読み直されるべき理由もここにある．

　人新世時代における環境倫理学について論じた第 8 章は，「未来」を強く意識した内容であったが，最後に，より明示的に「未来」に注目して 21 世紀の環境倫理学の論点を提示することで，本書の総括としたい．

　ここでは二つの作業を行う．一つは，従来から存在する環境保全論のなかにも「未来」への志向が確かに存在するということの確認である．環境保全の主張は，ともすれば「ノスタルジー」として揶揄されがちな面もあったが，それは必ずしも過去を志向するものではない，ということをここで確認しておきたい．そして 21 世紀の環境倫理学は，環境保全論にある未来志向の側面を強く打ち出すべきだと考える．

終　章　未来の環境倫理学のための二つの補論

　もう一つは，近年行われている「フューチャー・デザイン」や「未来ワークショップ」などの取り組みを，世代間倫理を具現化する試みとして位置づける作業である．加藤尚武が定式化した「環境倫理学の三つの基本主張」（加藤 1991）のうち，自然の生存権は「自然の権利訴訟」という形で[1]，地球全体主義は京都議定書やパリ協定などの国際協定の形で，具現化がなされてきた（それらの実効性の評価はひとまず措く）．しかし世代間倫理については，その主張の妥当性・常識性（おそらく他の二つよりもはるかに受け入れやすいだろう）とは裏腹に，具体的な制度に落とし込まれてこなかったといえる．そのようななかで，「フューチャー・デザイン」や「未来ワークショップ」などの取り組みは，世代間倫理を具現化する仕組みと考えることができる．そして 21 世紀の環境倫理学の役割は，理論や考え方の提示だけではなく，それを社会のなかに実装しようとする取り組みの意義を明らかにし，その問題点を検討することにあると考える．

　以上の二つの論点に明確なつながりはない．本章を「未来の環境倫理学のための二つの補論」と銘打ったのはそのためである[2]．

2　環境保全はノスタルジーか？

　ここでは，環境保全を求める人たちの議論に未来志向の要素があることを示していく．

　第一の例として「景観保全運動」を取りあげる．景観保全運動は，古き良き街並みを守るものとして，伝統主義的でノスタルジックな運動としてイメージされるかもしれない．例えば「古都保存法」という法律名を見ると，そのイメージが強まるだろう．この「古都保存法」が成立するきっかけとなったのは，鎌倉の景観を守る運動（鎌倉風致保存会）である．そこで大きな役割を果たし

　1　自然の権利訴訟については，現在でも以下の文献が基本書である（山村・関根編 1994）．
　2　以下の記述は，演繹あるいは帰納に基づく厳密かつ論理的な記述ではなく，学際的かつ発見法的なアプローチに基づくエッセイ的な記述となっているが，環境倫理学の一つの記述法としてエッセイ的な書き方は有効だろうと考える．この点に関連して，奥田太郎の論考を参照（奥田 2012: 224-241）．

終　章　未来の環境倫理学のための二つの補論

たのが，当時の人気作家の大佛次郎であった．

　大佛は，1965年2月8日〜12日に朝日新聞学芸欄に連載していた随筆「破壊される自然」のなかで，古都の景観破壊と日本の保護行政の遅れを，イギリスやフランスの風土の保存と対比して批判した．大佛は，「都市計画法」の改正を要請し，国や地方団体の先取得権を求め，「古都保存法」（1966年成立）のアイデアを提供するなどして，景観保全の論陣を張った[3]．そのなかで注目すべきは，史跡や自然の保全に関して，「過去に対する郷愁や未練に依るものでなく，将来の日本人の美意識と品位の為に文教の機関が何もしないのが奇怪なのである」と書かれている点である（大佛 1996: 240）．史跡や自然と，その景観を守ることは，それらを将来の人々に残すことである．好ましい景観を守ることは，将来の人々の美意識と品位のためにも必要なのだ．

　第二の例は「風土論」である．オギュスタン・ベルクは，風土に関して入念な考察を行った結果，独自の「環境整備の規範」を打ち出した．それは，「①風土の客観的な歴史生態学的傾向，②風土に対してそこに根をおろす社会が抱いている感情，③その同じ社会が風土に付与する意味，これらを無視するような整備は拒否されるべきである」（ベルク 1994: 167）というものである．地域の気候・地形に配慮し，それに合わせて形成されてきた文化や習慣を重視するということは，地域の自然的・文化的環境を変化させるよりも，それらを維持することを重視する保守的な考え方として理解されるかもしれない．

　しかしベルクは必ずしも保守的な立場には立っていない．彼は都市の景観について論じた本のなかで，ヨーロッパにおける伝統的な都市の思想（都市のまとまった形態を重視）を評価し，モダニズム（画一的な機能主義）やポストモダニズム（場所の特性とは無関係な形態志向）の建築思想を批判する．ベルクの風土論の立場からは，モダニズムにおいてもポストモダニズムにおいても場所性や風土性が無視されたことになる．このように評するとき，彼が立脚しているのは保守主義や伝統主義ではない．ベルクは「普遍的」かつ「無限」の空間を前提にしていた近代のパラダイムに代わって地球環境の時代に新しいパラダイ

　3　大佛は，この「破壊される自然」の5回目（最終回）で，ナショナル・トラストの運動を初めて日本に紹介している．このことは木原啓吉の著作を通してよく知られるようになった（木原 1998: 31-34）．

ムが生まれつつあると主張する．そのパラダイムのキーワードは「有限性」と「単一性」であり，それらは「地球」というモデルから導かれるという．「地球は，場所というものが無色透明であるような普遍的空間ではない．数々の単一の場所で構成された，有限な空間である」（ベルク 1993: 230）．こうしてベルクは，風土論が「地球環境」の特質が自覚された時代に即した考え方であることを示すのである．

　第三の例は「復元生態学」あるいは「自然再生」である．復元という言葉は，いかにも過去の生態系を理想とし，そこに戻ろうとする考えのように見える．しかし，そのような静的な生態系の捉え方は生態学の分野では時代遅れになっている．現在では，生態系はダイナミックに変化する不均質なシステムとして理解されるようになったのである．富田涼都は，このような生態学の知見をふまえて，自然再生を未来志向のプロジェクトとして捉える．富田によれば，生態系の評価基準は過去にはなく，「これからどのような社会を構築し，生態系との相互関係をどのように持つべきなのかという，未来の人と自然のかかわり」（富田 2014: 9）によって評価される．自然再生は「過去の復元」に事実上もなりえないので，望ましい自然再生の目標は，自然の復元（restoration）ではなく，人と自然とのかかわりの〈再生〉（regeneration）にあると富田は言う．

　このように，景観保全論，風土論，自然再生論について自らの頭で緻密に考えている人々は，ノスタルジーに囚われて論を展開しているというよりは，むしろ将来の人間と環境とのかかわりに目を向けて立論していることが分かる．「未来」への志向は，これまでの環境保全論のなかに確かな形で存在していた．環境倫理学は，環境保全論のなかに存在する未来志向の側面を強く打ち出すことで，その議論の裾野を広げることができると考えられる．

3　「将来世代の利益を代弁する」ことを具現化する試み

　ここでは，加藤尚武が定式化した「世代間倫理」の中心課題を振り返ってみたい．加藤は，現在世代のみによる意思決定（共時的意思決定）システムのなかに，「将来世代の利益」が組み込まれていないことを指摘したうえで，現在世代が将来世代を一方的に守る責任がある（通時的責任性）ということを共時

終　章　未来の環境倫理学のための二つの補論

的意思決定に組み込まなければならない，と主張している（加藤 1991）．このことは，理念としてはきわめて妥当であり，多くの人が納得できる主張といえる．しかし，実際に将来世代の利益を組み込むことができるような仕組みについては，その後も明確には提示されてこなかった．

それが近年になり，「フューチャー・デザイン」という名前で，「将来世代の利益」の代弁者を設定して，共時的意思決定に通時的責任性を組み込むことが真剣に検討されている．

西條辰義は，ヒトの特性として相対性，社会性，近視性を挙げ，その近視性のために，現世代は将来世代の資源を「惜しみなく奪う」とする．市場も民主制も近視性を克服することはできない．さらに人類には「楽観バイアス」があり，悪い予測があっても楽観的に捉える傾向がある．このような特徴から，アメリカ先住民のイロコイ族が求めたような，将来世代の幸福を熟慮することが困難になっている（西條 2015: 1-18）．

そこから西條は，「仮想将来世代」を現世代のなかにつくるというアイデアを打ち出す．それは，「ヒトが，他者の心の状態などを推測する心の機能を備えていることを利用し，将来世代に「なりきる」人々の集団を形成する」というアイデアである．「仮想将来世代」は，具体的には「将来省」という形をとる（西條 2015: 20)[4]．西條のいうフューチャー・デザインとは，「将来起こることを予測する」ことにとどまらず，「将来そのものを仮想的な将来世代との交渉でデザインし，それを達成するために様々な仕組みをデザインする」ことを指す．それを担う人材は，将来学部とその大学院で育成され，卒業生が将来省に供給される．西條は「一万人に一人くらいは将来のことのみを考える」人がいるような社会を目指している（西條 2015: 22-23）．

このようなフューチャー・デザインの議論は，世代間倫理を実装する方法をきちんと示しており，人類の近視性をどうにか乗り越える道筋が見出せるという点で，高く評価されるべきであろう．

次に，同じように「未来」を現在の議論に組み込んだ仕組みとして，「多世代参加型ストックマネジメント手法の普及を通じた地方自治体での持続可能性

4　将来省については，以下で詳しく論じられている（尾崎・上須 2015）．

の確保」（研究代表者：倉阪秀史）というプロジェクト5のなかで行われている「未来ワークショップ」を紹介したい．

　市原市や八千代市で実施された「未来ワークショップ」に携わった宮﨑文彦は，その手法の特色を4点にまとめている．すなわち，①2040年からのバックキャスティングの方法を用いていること，②2040年に社会の中核となる中高生を主体としていること，③参加者の気づきを重視すること，④相互理解や対話の深まりを目指す熟議を行うこと，という点である（宮﨑・森 2017: 42）．参加者は，2040年の当該地域の状況を予測するシミュレータの結果を参考に地域の課題を考え，「未来市長」として課題の解決に取り組み，提言をまとめる（宮﨑・森 2017: 53-54）．

　ここで宮﨑は，中高生を対象とした「まちづくり」のワークショップや，すでに存在する他の「未来ワークショップ」との違いとして，「未来シミュレータ」の存在を挙げている．つまり，未来予測のデータに基づいて議論することが，このプロジェクトの「未来ワークショップ」の最大の特徴なのである（宮﨑・森 2017: 42）．

　フューチャー・デザインもボトムアップ型をうたってはいるが，将来学部—将来省ルートに見られるような，ある種の専門家主義がある．それに対して，未来ワークショップは，ボトムアップ型を徹底している．中高生が「未来市長」となり提言を出すのだが，市原市で行われた未来ワークショップにおける提言は，市の総合計画策定に反映されたという（宮﨑・森 2017: 53）．

　21世紀の環境倫理学の役割は，従来のような原理的な問題の探求だけでなく，このような具体的な取り組みが行われているという現実に目を向けて，その意義や可能性を明らかに示すことにある．同時に，それらの取り組みを無反省に称揚するのではなく，そこに何らかの問題点や陥穽があるのではないかと疑ってみることも環境倫理学の重要な役割といえよう．

　例えば，これまでの世代間倫理の議論において指摘されてきた，将来世代のニーズと現在世代のニーズの対立の問題，もっと言えば，将来世代の利益の名のもとに現在の特定の集団に犠牲を強いる可能性があるという論点は，フュー

5　プロジェクト名が長いので「OPoSSuM」（オポッサム）という略称が用いられている．プロジェクトの概要については以下を参照（倉阪ほか 2015）．

終　章　未来の環境倫理学のための二つの補論

チャー・デザインや未来ワークショップのなかに取り入れられるべき論点である．この論点の指摘は，せっかくの取り組みに水を差すようなものと言われるかもしれない．しかしこのようにあえて冷水を浴びせることによって，プロジェクトの穴が明らかになることもある．まとめると，未来をつくっていく取り組みに環境倫理学者が参画したときに果たしうる役割は，その取り組みの倫理的意味を明示して参加者をエンパワーすることと，その際に生じうる問題点や懸念材料をきちんと指摘すること，この両面にあるということになろう[6]．

参考文献

奥田太郎（2012）『倫理学という構え——応用倫理学原論』ナカニシヤ出版

大佛次郎（1996）「破壊される自然」村上光彦編『大佛次郎エッセイコレクション 2 人間と文明を考える——水の音』小学館

尾崎雅彦・上須道徳（2015）「将来省のデザイン」西條辰義編『フューチャー・デザイン——七世代先を見据えた社会』勁草書房

加藤尚武（1991）『環境倫理学のすすめ』丸善ライブラリー

木原啓吉（1998）『新版ナショナル・トラスト——自然と歴史的環境を守る住民運動，ナショナル・トラストのすべて』三省堂

倉阪秀史・佐藤峻・宮﨑文彦（2015）「地域ストックマネジメントに関する研究プロジェクト OPoSSuM の概要」『公共研究』11 巻 1 号，千葉大学公共学会，341-362頁

西條辰義（2015）「フューチャー・デザイン」西條辰義編『フューチャー・デザイン——七世代先を見据えた社会』勁草書房

富田涼都（2014）『自然再生の環境倫理——復元から再生へ』昭和堂

ベルク，A.（1993）『都市のコスモロジー——日・米・欧都市比較』講談社現代新書

ベルク，A.（1994）『風土としての地球』筑摩書房

宮﨑文彦（2016）「いちはら未来ワークショップの実施結果について」『公共研究』12巻 1 号，千葉大学公共学会，51-57 頁

宮﨑文彦・森朋子（2017）「未来予測に基づく中高生政策ワークショップの実施——「やちよ未来ワークショップ」の開催報告を中心に」『公共研究』13 巻 1 号，千葉大学公共学会，41-54 頁

山村恒年・関根孝道編（1996）『自然の権利——法はどこまで自然を守れるか』信山社

吉永明弘（2015）「自然エネルギー開発に冷水を浴びせる——ウィナー『鯨と原子炉』

6　「気候工学」や「再生可能エネルギー」といった未来志向の技術開発について，倫理学者は同様の役割を果たしていくべきだろう．気候工学については本書第 7 章がまさにその役割を果たしている．「再生可能エネルギー」については以下の論考でその試みがなされている（吉永 2015，吉永 2016）．

終　章　未来の環境倫理学のための二つの補論

　の示唆と予言」（https://synodos.jp/society/15162/2）
　吉永明弘（2016）「太陽光発電施設の問題を環境倫理学から読み解く」『地域生活学研
　　究』第7号，77-83頁

おわりに

吉 永 明 弘

　この本では環境倫理学の最先端の議論を展開してきた．最後に本書刊行まで
の経緯について書いておきたい．

　編者の一人である吉永は，科学研究費「21世紀における「ローカルな環境
倫理」についての包括的研究」（2016年度～2018年度）の研究代表者としてプ
ロジェクトを進めている．初年度の2016年は，研究分担者の山本剛史さん，
寺本剛さん，熊坂元大さん，研究協力者の増田敬祐さんと，現場で環境問題に
関わる中で思想を形成していった人々へのインタビューを行い，その内容を収
録した雑誌『環境倫理』第1号を2017年8月に刊行した．これはいわゆる研
究成果報告書ではなく，学術雑誌という位置づけである．この雑誌を出してい
くのとは別に，今回の科研費の成果として最終的に本を刊行する計画がもとも
とあった．出版社としては，拙著『都市の環境倫理』の刊行でお世話になった
勁草書房が念頭にあった．

　勁草書房の橋本晶子さんには，『都市の環境倫理』の編集を行っていただき，
それ以来，短い論文などを書くたびに送り，近況報告も行っていた．2017年
の年始の挨拶の中で，科研の成果報告書の刊行を予定していると伝えたところ，
1月6日に「現在進行中のプロジェクトの成果発表をお考えとのこと．ぜひお
話伺わせてください」とのメールが届いた．そこで1月17日に科研費プロジェ
クトの状況についてお会いしてご相談をすることにした．

　たまたま1月7日に，長年の友人である福永真弓さんからメールが届き，そ
の中に「一緒に本ださない？」という一言があった．そこで，17日に勁草書
房の編集者と打ち合わせをするので，共著の話も出してみると返信した．

　1月17日に，橋本さんとの打ち合わせは，私が風邪をひいて咳が止まらな
い中で行われたが，話はスムーズに進み，福永さんと私との共著を出すことが
まず固まった．話をしていく中で，二人で書くのではなく，科研費の研究分担
者の論文を加えた論文集にすることが決まり，山本さん，寺本さん，熊坂さん

おわりに

に伝えたところ，すぐに執筆 OK のお返事が来た．さらに長年の友人である桑田学さんに声をかけたところ，こちらも快諾してくれた．

その後，紆余曲折もあったが，福永さんと私が編者となり，執筆者の論文をとりまとめて，刊行にいたった．その間，私は同じ勁草書房から『ブックガイド環境倫理』という本を刊行した．これは 3.11 までの環境倫理学の成果を紹介した本といえる．それに対して本書は，3.11 後の環境倫理学の一つの姿を提示してみた．従来の枠組みを放棄する必要はないが，3.11 以後の状況をふまえた新たな枠組みが要請されてもいる．本書はそのような要請に応える試みである．

環境倫理学は日本に導入されてから 20 年以上が経つが，未だに研究者の数も少なく，学会も存在しない．特に若手の研究者はきわめて数が少ない．若い世代の研究者や学生のみなさんに，この分野に関心をもってもらうことが執筆者全員の望みである．

キーワード解説

人 物

【ウルリヒ・ベック】(1944-2015)

ドイツの社会学者. 著書は現代リスク社会論の嚆矢となった『危険社会：新しい近代への道』（東廉, 伊東美登里訳, 法政大学出版会, 1998 年）など多数. 現代社会は, 科学技術の高度化と社会の複雑化により, 富や資源の不平等な配分とその再配分ではなく, 環境リスクの配分の不平等と再配分が中心的な社会の関心となると論じた. 2011 年 3 月, 福島第一原発事故の 10 日後にドイツで開かれた「安全なエネルギーのための倫理委員会」の委員 ［福永真弓].

【オギュスタン・ベルク】(1942-)

フランスを代表する文化地理学者. 空間に焦点を当てて日本の文化を分析した『空間の日本文化』（宮原信訳, 筑摩書房, 1994 年）, 和辻哲郎『風土』の発想を発展させ, 現代の環境問題に適用した『風土としての地球』（三宅京子訳, 筑摩書房, 1994 年）, そこから独自の存在論を展開した『風土学序説』（中山元訳, 筑摩書房, 2002 年）などで知られる ［吉永明弘].

【マレイ・ブクチン】(1921-2005)

アメリカの社会思想家.「ソーシャル・エコロジー」を唱え, 人間の自然に対する支配の源泉は人間の人間に対する支配にあると主張した. この観点から, 自然と人間との一体性を唱える一方で人間の間にある不平等や差別に目を向けない環境思想や運動（特にディープ・エコロジー）を批判した ［吉永明弘].

【ダニエル・カラハン】(1930-)

アメリカの医療倫理を牽引する代表的な生命倫理学者の一人. 生命倫理学の世界的な二大拠点のうちの一つ, ニューヨークのヘイスティングス・センターの創始メンバーである. 延命治療および背後にある延命主義についての議論でも有名である. 環境倫理学の分野では, ゴールディングに反論し, 日本人の「恩」の倫理観を採り入れることによって世代間倫理の妥当性を主張した. さらに, ハーディンが「救命艇の倫理」において, 未来世代が現在世代より重視されるべきであると人口制限の議論をおこなったことに反論した ［山本剛史].

キーワード解説

【デイビッド・コリングリッジ】（1945-2005）

イギリスの技術論者．新技術が社会に及ぼす影響は事前に予測できず，新技術の普及後にはそれを制御することが困難になるというディレンマ（コリングリッジのディレンマ）を指摘し，テクノロジーアセスメントの議論に影響を与えた．意思決定の可謬主義を唱え，技術の導入については柔軟性の高い技術の漸進的導入を主張する［寺本剛］．

【ジェームズ・ハンセン】（1941-）

アメリカの気象学者．1988 年 6 月 23 日のアメリカ上院公聴会において，温暖化は99％ の確率で温室効果ガスによる現象であるとする証言を行い，「地球温暖化」が国際政治や科学研究の一大テーマになるきっかけつくった人物（米本昌平『地球環境問題とは何か』岩波書店，1994 年より）．地球温暖化対策のための原子力の利用を支持している［吉永明弘］．

【ダナ・ハラウェイ】（1944-）

アメリカの科学哲学者．ジェンダー，フェミニズムの観点から科学技術を鋭敏に考察する議論で科学哲学・科学技術社会論に限らず広く影響を与える著作が多い．主著は『猿と女とサイボーグ：自然の再発明』（高橋さきの訳，青土社，2000 年）．近年ではマルチスピーシーズという概念の提示で新しい人間と人間以外の生命との関係性を論じ，新しい倫理の方向性を模索している［福永真弓］．

【ブリュノ・ラトゥール】（1947-）

フランスの哲学者であり，人類学者であり，社会学者である．ミシェル・カロン，ジョン・ローと共にアクターネットワーク論をうちたて，科学と社会に関する広範な議論を行っている．その思想的・方法論的影響は大きく，経済学や工学，自然科学にも及んでいる．『科学が作られているとき：人類学的考察』（川崎勝訳，産業図書，1999 年）など日本語訳書も多数［福永真弓］．

【ジェームズ・ラブロック】（1919-）

イギリスの科学者・環境運動家．地球を，自己調節システムを備えた一つの巨大な生命体と見なす「ガイア仮説」を唱えたことで知られる．ガイア仮説はディープ・エコロジーの思想家・運動家にも影響を与えた．地球温暖化対策のための原子力の利用

キーワード解説

を支持している［吉永明弘］．

【ニクラス・ルーマン】(1927-1998)

ドイツの社会学者．数多く多岐にわたる著作の中でも，1984年に著された『社会システム理論』（佐藤勉訳，恒星社厚生閣，上巻1993年，下巻1995年）は社会システム論の基底の一角として大きな影響を各方面に与えて続けている．本書では詳しく述べることはできなかったが，ルーマンのリスク論はベックと共に現代リスク社会論の基盤をなすものであり，社会システム論における信頼による複雑性の縮減など，ベックとは異なる角度からの分析に新たな道を拓いた．特に『リスクの社会学』（小松丈晃訳，新泉社，2014年）は，現代社会とその中に生きる個人が「決定すること」に依存しなければならないことを指摘した上で，リスク生産過程とリスクが誰の決定により，どのようなシステムの作用のもとに為され，誰がそれをリスクとして受容したり，現実化した被害を引き受けたりせざるを得なくなっているのか，リスクの帰属性に焦点を当てる必要を論じた重要文献である［福永真弓］．

【ジョン・ミューア】(1838-1914)

アメリカの著名なナチュラリスト．シエラネバダ山脈の大自然の保護活動を行い，自然保護運動の父と呼ばれている．自然保護団体「シエラ・クラブ」の創設者でもある．ヘッチ・ヘッチー渓谷のダム建設をめぐっては，人間の生活の事情よりも，渓谷の自然をそのまま残すこと（保存）を優先するよう主張し，ピンショーと対立した．日本語で読める伝記として，加藤則芳『森の聖者——自然保護の父ジョン・ミューア』（山と渓谷社，2012年）がある［吉永明弘］．

【ギフォード・ピンショー】(1865-1946)

アメリカの初代の森林局局長で，功利主義的な観点から森林の科学的な管理を主導した．同じ立場から，人間の利用のための自然の適切な利用（保全）を主張して，カリフォルニアの市民のための水供給のためにヘッチ・ヘッチー渓谷のダム建設を推進した．なお，ピンショーが森林局局長だったときに，土地倫理の提唱者であるレオポルドが森林官を務めている．ピンショーの思想は，ドイツをはじめとする欧州の森林学から影響を受けたものと考えられるが，もともとピンショーの思想に批判的だったレオポルドは，反対にドイツへの視察で人工的な管理に対する違和感を強めた［熊坂元大］．

キーワード解説

【ポール・ラムジー】（1913-1988）

アメリカのキリスト教メソジスト派の神学者・倫理学者であり，生命倫理学の黎明期を支えた．医師と患者の間の関係性，臓器移植，終末期医療など，現在の生命倫理学の基礎となる主題について論じた［福永真弓］．

事 項

【エコ・ファシズム】

人間社会による自然環境への負荷と地球の有限性とを強調するあまり，個人を蔑ろにする思想を指す．歴史を振り返れば，外国人排斥や社会的弱者の切り捨てを求める主張が環境保護に絡めてなされることは決して例外的な事例ではなく，ナチス・ドイツも森林資源の保護や動物愛護に積極的であった．ただし，昨今のファシズムという言葉の乱用と同様にエコ・ファシズムも，厳密な定義や検証なく論敵に対して投げかけられることがある．動物倫理学者のトム・レーガンや環境哲学者のマイケル・E・ジンマーマンは，レオポルドの土地倫理やキャリコットの全体論的思想にエコ・ファシズムの要素を見て取るが，環境問題の性質上，有限性を抜きに論じることはできず，全体論的主張とエコ・ファシズムとのあいだの線引きには容易でない面もある［熊坂元大］．

【カネミ油症】

カネミ油症とは，1968 年頃から発生が確認された株式会社カネミ倉庫が製造したカネミライスオイルによる一連の中毒症状を指す．米ぬか油を製造する際の脱臭工程で使用された PCB が加熱されたためにダイオキシンに変性し，しかもそれが漏れて米ぬか油に混入したことから発生した．過去の裁判では，カネカの PCB 製造物責任や国の責任が認められず，カネミ倉庫の責任のみが認定された．しかしカネミ倉庫は社業が小さく余裕がないことを理由に賠償金の支払いに未だに応じていない．さらに，米ぬか油が自然環境を汚染せずに直接体内に入ったことから公害として認められず，2012 年に「カネミ油症患者に関する施策の総合的な推進に関する法律」が成立したものの依然「認定患者」に対する公的救済が不充分であったり，油症患者から 2 世，3 世の患者が生まれているにもかかわらず，2 世，3 世はカネミ油を直接食していないので「認定患者」に該当しないとされ公的な救済が受けられないなど，現在進行形の深刻な問題である．胎内を胎児の環境と考えた場合，特に 2 世，3 世の問題はシー

ア・コルボーンらが『奪われし未来』で警告した内分泌かく乱物質の問題と関連している可能性がある．以下を参照．コルボーン，ダマノスキ，マイヤーズ『奪われし未来（増補改訂版）』（井口泰泉訳，翔泳社，2001年），宇田和子『食品公害と被害者救済　カネミ油症事件の被害と政策過程』（東信堂，2015年）［山本剛史］．

【緩和と適応 mitigation and adaptation】

緩和は，地球温暖化の原因物質である温室効果ガスの排出量を削減する，または生態系の吸収量を植林などにより増加させる対策を指し，具体的には省エネルギー，低炭素エネルギーの普及，排出量そのものに上限を設定する国際ルールなどが挙げられる．適応は気候変動の悪影響を予防・軽減する対症療法的対策を指し，渇水対策や農作物の新種の開発，高い防波堤の設置などが挙げられる［桑田学］．

【気候の正義 climate justice】

気候の正義には「補償的正義」と「分配的正義」の二つの側面がある．前者は人間活動起源の気候変動に内在するさまざまなタイプの加害−被害関係（先進国と途上国，現在世代と未来世代，人間と他の生物種）の是正にかかわり，後者は温室効果ガスの許容排出量および気候変動対策（緩和・適応）にともなう費用の分配にかかわる．これらの正義がどのような理由から正当化され，また具体的に何を要請するのか，という点をめぐっては論争がある［桑田学］．

【技術的解決 technological fix】

核物理学者アルビン・ワインバーグが1967年の論考「テクノロジーは社会工学に代わりうるか？」において提唱した用語．多様な利害を巻き込む複雑な社会・政治的な問題を，より単純な技術・工学上の問題としてフレーミングし直し，アプローチする考え方や手法を指す．技術的解決は，社会問題の根本的な解決とはなりえないが，それを発見し合意に達するまでの「時間稼ぎ」となるという利点を有す［桑田学］．

【自然再生 restoration】

自然保護の考え方・手法として，人の手が入ることを阻止する「保存」（preservation）と，人が手を入れて守る「保全」（conservation）の二つがある．前者は原生林を守る場合，後者は里山を維持する場合などに用いられる．近年では，失われた自然を人為的に復元させる「自然再生」（restoration）が第三の考え方・手法と位置づけ

キーワード解説

られている．吉田正人『自然保護』（地人書館，2007年）では，この三つをP型，C型，R型と呼んでいる［吉永明弘］．

【自然の権利訴訟】

動植物など人間以外の自然物を原告として行われる訴訟．関連する論文で最もよく知られているのは，クリストファー・D・ストーンによる「樹木は当事者適格を持つか」である．1960年代後半からのディズニー社によるカリフォルニアのミネラルキング渓谷の開発計画に対して，自然保護団体シエラ・クラブが中止の訴えを起こしていたものの，開発事業では同団体に対する権利侵害が生じないという問題があった．そこでストーンは，自然物自体の権利侵害という論点を提示したのである．とはいえ，樹木のように意識のない存在が利害関心を持つのかという問題は大きく，ストーンは後に立場を修正している．ただし，自然の権利という概念を取り上げることによって，自然の価値について再検討を促し，行政や企業と市民，および市民同士の対話や討論の場を設定する効果は期待される．日本はアメリカよりも原告適格の認定が厳しいと言われるが，そのなかでアマミノクロウサギ訴訟など幾つもの事例が見られるのは，上記の理由によるところも大きい［熊坂元大］．

【人新世 Anthropocene】

大気化学者パウル・クルッツェンが2000年に提唱した，およそ1万1700年前に始まる「完新世」に続く新たな地質時代区分の名称．クルッツェンは人新世への移行を，石炭の燃焼により大気中の二酸化炭素やメタン濃度が上昇し始めた産業革命期（19世紀前半）としていたが，現在は，地球システムへの人間活動の影響が飛躍的に拡大した「グレート・アクセラレーション」と呼ばれる人間活動の爆発的拡大期（20世紀中葉）とする見解が主流となりつつある．正式な地質年代として採用すべきかどうか，「国際層序委員会」で議論が継続中である［桑田学］．

【心身二元論とヨナス】

デカルトは，心と身体（物体）を相異なる2種類の実体として承認し，両者の作用関係を解明しようとした．これに対してスピノザは，神を唯一の実体とし，心と身体（物体）をその属性とすることで，心と身体の連関を説明しようとした．また，本文中で取り上げたように観念論は心が身体を構成するという見方であり，逆に唯物論は身体と物体の活動のみが実体であり，心の動きは単に身体活動に伴っていて，何ら影

響を与えていないという見方（随伴現象説）をとる.

　ヨナスは，唯物論的な世界像においても心が単なる随伴現象ではなく，責任行為の根拠になると考える. それと同時に，身体と心の連続性を確保しようとする. 新陳代謝において原初的な有機体において既に世界からの独立という意味での自由が萌芽的に認められ，系統発生を経るごとに世界との関わり方が間接的になっていく. 例えば植物は水分と養分とに直結しているが，動物は直結していない. そして人間は理性によって自己とは何か，を考えることによって，養分と水分どころか自己との関係もまた間接的である. 間接性が極まった所で主観性ももっとも完成した形で顕在化するのである. 以下を参照. Hans Jonas, *Philosophische Untersuchungen und metaphysische Vermutungen*, Suhrkamp, 1992, Kapital. 1 und 2 ［山本剛史］.

【枢要徳】

　徳とは，優れた（あるいは望ましい）人格的特徴である. プラトン以来，西洋哲学においては正義・節制・智慧・勇気の四つが主要な徳とされており，これらをまとめて枢要徳と呼ぶ. 具体的な場面での徳の理解は，人びとのあいだで共有されるとは限らず，ある行為を勇敢だと受け止めるものがいる一方で，無謀（勇敢の反対であり，徳ではなく悪徳）と見なすものがいることは珍しくない. それにも関わらず，現代にいたるまで枢要徳が好ましい性質として受け止められてきたことに変わりはない. 古代ギリシャと現代社会とでは地理的・生態学的条件も文化的・制度的条件も異なるが，環境問題の文脈においても，たとえば正義はリスクやコストの不公正な負担を，節制は資源の浪費を戒めるものとして機能し，智慧は問題解決のための方策を見出し，勇気はそれを実践するために求められる，などと解釈できるだろう［熊坂元大］.

【責任】

　一般的に，責任とは「責任主体」，「責任対象」，そして「責任の審級」の要素を満たす一種の関係として認められる. 例えば，私（責任主体）が自動車で人をはねて怪我をさせてしまった場合，怪我人（責任対象）に対する責任が法律（責任の審級）において（これを'法の前で'と言うこともできる）生じる. 責任が生じるためにはいくつもの条件があり，例に即して言えば，私は自動車を運転するかしないかを自分で自由に選べることが責任を帰するうえでの前提である. また，「私」の人格は怪我をさせた瞬間と裁判所で裁かれているときとで同一でなければならない.

　責任の審級が法律である場合の責任は，もちろん法的責任である. 自己の良心であ

キーワード解説

る場合は道徳的責任と言えるだろう．また，世間に対して後ろめたい，というような場合は世間的責任とでも呼ぼうか．世間ならまだしも，空気という更にあやふやなものだと，どのような審級における責任かはっきりせず，結局後ろめたさと無責任とが同居する奇妙な事態へと陥りかねない．

　しかし，本書で取り上げるハンス・ヨナスの「未来倫理」は，こうした従来の責任概念が個人としての責任主体が起こしてしまった結果に対する責任を想定していたのとは異なり，これから起こるかもしれないことに対する責任，かつ，主体が集団である責任の倫理学である．本文中の記述に照らして言えば，責任対象は人類の存続であり，責任の審級は「人間という理念」である．「人間という理念」の前で，人類の存続に自らの責任を認める人々が，責任主体として参与していく際の根拠づけをまさにヨナスは行ったのである．以下も参照．ハンス・レンク『テクノシステム時代の人間の責任と良心──現代応用倫理学入門』（山本達，盛永審一郎訳，東信堂，2003 年）[山本剛史]．

【世代間公正 intergenerational justice】

　公正（justice）の考え方を，現在世代だけでなく，現存しない過去世代や将来世代にまで適用し，コスト，リスク，利益などを世代間で公正に分配することを求める考え方．科学技術の発展によって現在の意思決定が遠い未来に影響を及ぼす可能性が出てきたことを受け，1970 年代ごろから論じられてきた．現在世代と将来世代の間に互酬関係が成り立たないことから，将来世代を現在世代と同じように扱う義務があるかどうかが原理的な問題となっている [寺本剛]．

【センス・オブ・ワンダー】

　一般には，サイエンス・フィクション（SF）のなかで描かれる宇宙の広大さや時空の歪みなどから受ける不思議さや心細さ，畏敬などの感覚を指すが，環境倫理学の分野では『沈黙の春』の著者であるレイチェル・カーソンの名前とともに言及されることが多い．彼女は，この概念と同名の著作において，自然の存在を認識し，驚嘆し，畏敬の念を抱くような感性（とくに子供時代の自然との触れ合いによってもたらされるが，子供に限定されるものではない）について述べている．同書の編集者によると，彼女はこの概念をさらにふくらませることを望んでいたようだが，その前に世を去ることになった．環境倫理学においてセンス・オブ・ワンダーは自然保護と結びつけて論じられてきたが，これが SF 用語であることを考慮すると，人類が今後，地球をさ

らに改変していったとしても，この感覚が私たちから失われることはないとも考えられる［熊坂元大］．

【土地倫理 Land Ethic】

アルド・レオポルドの死後に刊行された著作『野生のうたが聞こえる』の末尾を飾るエッセイのタイトルであり，そのなかで述べられている思想を指す．レオポルドが求めていたのは道徳共同体の枠組みを，人間同士のものから動植物や土壌，水，そしてこれらをまとめた「土地」にまで拡張したものとする倫理だった．そこでは，生物共同体の全一性，安定，美を保つものは正しく，そうでないものは間違っているとされる．注目すべき点の一つは，彼の批判の矛先が都市住民や企業ばかりでなく，農民にも向けられていたということである．彼自身，森林管理官だったときに，いきすぎた狼の駆除からシカの食害を招いた経験を持つが，自然に接しているだけでは土地倫理の獲得にはいたらないことを見据えていたことが伺える．土地倫理をどのように評価するにせよ，この考えが英語圏を中心とする現代の環境倫理学，さらにはより広く環境思想の発展を支えてきたことは否定しえない［熊坂元大］．

【不確実性 uncertainty】

アメリカの経済学者フランク・ナイトが『リスク・不確実性および利潤』（1921年）において，リスクと対比して提唱した概念．リスクは特定の出来事が起こる確率を事前に計算できる場合に問題となる「危険性」のことだが，不確実性はある出来事が起こる確率を事前に計算できないくらいに未来の予測が困難な状態のことである［寺本剛］．

【複合的不正義】

倫理学者ヘンリー・シューが提唱した用語．歴史的に形成された非対称的な力関係が気候変動問題をめぐる国際関係をも歪めている事態を指す．たとえば過去の植民地支配の結果，いまなお貧しい経済状態にある低開発国が，いちはやく産業化した先進諸国の引き起こした気候変動の悪影響をより強く受けるだけでなく，国際交渉の場においても交渉力において不利な地位にとどめ置かれ，膨大な対策費用をも背負わざるをえないような事態である［桑田学］．

キーワード解説

【ポスト・ノーマル・サイエンス】

アメリカの科学哲学者，ジェローム・ラベッツの言葉である．ラベッツによると，現代は科学，技術，政治の境界があいまいになり，リスクや環境問題など，確率論的な分析と対処が必要となる問題では，専門家コミュニティによる評価や判断（ピア）が他者への被害やシステムへの負荷を生む現状がある．システムの不確実性が高く，意志決定過程に付随する利害関係が大きいほど，その状況を加速したり程度を悪化させたりしやすい．ゆえにラベッツは，専門家以外の市民を含めた集団で評価や判断を行うこと（拡大ピア）の必要性を主張し，そこに軸をおいた科学をポスト・ノーマル・サイエンスと呼んだ．詳細は，『ラベッツ博士の科学論：科学神話の終焉とポスト・ノーマル・サイエンス』（御代川貴久夫訳，こぶし書房，2010 年）［福永真弓］．

【臨界域（ティッピング・ポイント）】

少しずつの変化が急激な変化に変わる転換点を指す用語である．気候変動問題では，人間活動により排出される温室効果ガスの漸進的な蓄積が，大規模かつ過酷な気象現象や地球環境の激変を引き起こす可能性が指摘されている．具体的には，南極やグリーンランド氷床の不安定化や海洋深層大循環の停止が不可逆的な気候変動の現象として懸念されている［桑田学］．

事 項 索 引

あ 行

ICRP（国際放射線防護委員会）…………27

アクター・ネットワーク・セオリー
　（ANT）………………………88, 89, 152

ALARA 原則…………………………27, 30

ウィングスプレッド声明……………86, 87

エコ・ファシズム……………………………101

か 行

価値………………………………………92

環境教育…………………………………100

環境人種差別（environmental racism）…63

環境正義………………2, 3, 4, 7, 36, 161

環境徳倫理学…………………7, 84, 161

環境徳………………………………………122

環境に対する正義……………………………71

環境プラグマティスト………………………92

環境プラグマティズム……2, 6, 33, 34, 46, 87,
　88, 147, 161

環境リスク…………………………………18−21

緩和策（mitigation）………………………125

気候工学（climate engineering）……4, 7, 86,
　125, 161, 167

気候の非常事態（climate emergency）…128

技術の解決………………………………………138

基本財………………………………………105

義務………………………………………92

ケイパビリティ……………………………77

原子力発電………………………………49

公正としての正義の２原理……………105

功利主義………………………………………92

高レベル放射性廃棄物…………………49

さ 行

最終処分…………………………………51

再生可能エネルギー……………5, 45, 167

再野生化…………………………………88

里山……………………………83, 87, 102

自然再生…………………………………164

自然哲学…………………………………115

自然に対する正義………………63, 69

自然の権利訴訟…………………………95

自然への敬意……………………………97

持続可能な開発目標（SDGs）…3, 18, 87, 142

社会＝生態システム（Social-Ecological
　System, SES）………………………149

終端問題（termination problem）………127

熟議………………………………………53

狩猟………………………………………102

順応的管理（adaptive management）……88,
　149

承認の正義（justice for recognition）……68

進化論………………………………………111

人工物………………………………………102

人新世（Anthropocene）…………7, 87, 137

事項索引

心身二元論……………………108
枢要徳…………………………103
正義論…………………………105
成層圏エアロゾル注入（SAI）………86, 126
生態系中心主義（Ecocentrism）………69
生命中心主義（Biocentrism）…………69
生命倫理学……………………115
世代間公正……………………51
世代間正義……………………42-44
世代間倫理……………………49, 105
世代内正義……………………42-44
センス・オブ・ワンダー…………97

た　行

太陽放射管理…………………126
地球温暖化……………………105
地層処分………………………50
貯蔵……………………………52
ディープ・エコロジー…………88
定言命法………………………117
適応策（adaptation）……………125
道徳性の破局（moral perfect storm）……131
徳倫理学………………………92
土地倫理………………………83, 99

な　行

内在的価値……………………83, 84
二酸化炭素除去…………………126
人間中心主義…………………146

は　行

不確実性………………………54

複合的不正義（compound injustice）……133
物的記号論……………………88, 89
フューチャー・デザイン………162, 165-167
ブラックエレファント…………38, 39
ブラックスワン…………………36-40
分配的正義（distributive justice）………67
補償の正義（compensatory justice）……68
ポスト・ノーマル・サイエンス………20
ホロコースト…………………107

ま　行

マルチスピーシーズ……………145, 148
未来倫理………………………84, 161
未来ワークショップ……………162, 166, 167
ミレニアム開発目標（MDGs）…………3, 18
モラルハザード…………………128

や　行

弱い人間中心主義………………147, 148

ら　行

リスク…………18-31, 36, 43, 44, 46, 161
リスク解析……………………20
リスク管理……………………18
リスクコミュニケーション………21, 22, 25, 29
リスク社会論……………………7, 20, 22, 23, 28
リスク社会……………………17-19, 27, 30
リスクマネジメント……………21
臨界域（tipping point）……………128

人 名 索 引

あ 行

石牟礼道子⋯⋯⋯⋯⋯⋯79
井戸川克隆⋯⋯⋯⋯⋯122
今田高俊⋯⋯⋯⋯⋯⋯6
今道友信⋯⋯⋯⋯⋯⋯5
ウォルツァー，マイケル⋯⋯72
大佛次郎⋯⋯⋯⋯⋯⋯163

か 行

カーソン，レイチェル⋯⋯107
ガーディナー，ステファン⋯⋯128
嘉指信雄⋯⋯⋯⋯⋯⋯46
加藤尚武⋯⋯⋯⋯1-3, 36, 164
カラハン，ダニエル⋯⋯84
カロン，ミシェル⋯⋯152
鬼頭秀一⋯⋯⋯⋯⋯2, 3, 6
キャリコット，ベアード⋯⋯84
クルッツェン，パウル⋯87, 128, 141
コーン，エドゥアルド⋯⋯154
コリングリッジ，デイビッド⋯⋯54
コント，オーギュスト⋯⋯143

さ 行

シュレーダー゠フレチェット，クリスティ
ン⋯⋯20-22, 24, 30, 36, 40, 45, 72
セン，アマルティア⋯⋯77

た 行

高橋隆雄⋯⋯⋯⋯⋯122
富田涼都⋯⋯⋯⋯⋯164

な 行

ネス，アルネ⋯⋯⋯⋯88
ノートン，ブライアン⋯⋯34

は 行

ハラウェイ，ダナ⋯⋯153
ハンセン，ジェームズ⋯⋯44
ピンショー，ギフォード⋯⋯83
ブクチン，マレイ⋯⋯45
ヘーゲル，G. W. F.⋯84, 109
ベック，ウルリヒ⋯19, 20, 22, 28
ベルク，オギュスタン⋯34, 163, 164
ホッブズ，トマス⋯⋯116

ま 行

丸山徳次⋯⋯⋯⋯2, 3, 47
ミューア，ジョン⋯⋯83
森岡正博⋯⋯⋯⋯⋯25

や 行

山脇直司⋯⋯⋯⋯⋯5
ユクスキュル，ヤコブ・フォン⋯⋯143
ヨナス，ハンス⋯⋯7, 84, 161

人名索引

ら 行

ライト, アンドリュー……………6, 33-35

ラトゥール, ブルーノ……………152

ラブロック, ジェームズ……………44

ラムジー, ポール……………84

ルーマン, ニクラス……………19, 20

レオポルド, アルド……………84, 88

ロー, ジョン……………152

ロールズ, ジョン……………67, 105

ロールストン, ホームズ……………84

執筆者一覧

吉永明弘（よしなが　あきひろ）編著【序章，第2章，終章】
2006年千葉大学大学院社会文化科学研究科修了（博士）．現在，江戸川大学社会学部准教授．著書に，『都市の環境倫理』（勁草書房，2014年），『ブックガイド　環境倫理』（勁草書房，2017年）ほか．

福永真弓（ふくなが　まゆみ）編著【第1章，第4章，第8章】
2008年東京大学大学院新領域創成科学研究科環境学専攻博士課程修了（博士）．現在，東京大学大学院新領域創成科学研究科准教授．著書に，『多声性の環境倫理：サケが生まれ帰る流域をめぐる正統性のゆくえ』（ハーベスト社，2010年），編著に『環境倫理学』（鬼頭秀一共編，東京大学出版会，2009年）．

寺本剛（てらもと　つよし）【第3章】
2007年中央大学大学院文学研究科博士後期課程修了（博士）．現在，中央大学理工学部准教授．論文に，「環境価値の二極化とブライアン・ノートンの環境プラグマティズム」『応用倫理——理論と実践の架橋』vol. 2（北海道大学大学院文学研究科応用倫理研究教育センター，2009年），「科学技術の長期的リスクと世代間の公正——高レベル放射性廃棄物の処理方法をめぐって」『社会と倫理』27号（南山大学社会倫理研究所，2012年），「コリングリッジの技術選択論——原子力発電を手がかりとして」『応用倫理——理論と実践の架橋』vol. 9（北海道大学大学院文学研究科応用倫理研究教育センター，2016年）．

熊坂元大（くまさか　もとひろ）【第5章】
2011年一橋大学社会学研究科博士課程修了（博士）．現在，徳島大学大学院社会産業理工学研究部准教授．共著に，『「環境を守る」とはどういうことか——環境思想入門』（岩波書店，2016年），論文に，「環境徳倫理学研究における環境徳と受傷性〈Vulnerability〉」『総合人間学』No. 10（総合人間学会，2016年），"Extension and Obfuscation: Two Contrasting Attitudes to the Moral Boundary", *Hitotsubashi Journal of Social Studies*, Vol. 2, No. 44, pp. 21-33, 2012.

山本剛史（やまもと　たかし）【第6章，第Ⅰ部・第Ⅱ部イントロダクション】
2001年慶應義塾大学大学院文学研究科後期博士課程単位取得退学．現在，慶應義塾大学他非常勤講師．共著に，『生命（いのち）の倫理と宗教的霊性』（ぷねうま舎，

2018 年）．論文に，「ヨナス倫理学における「犠牲」について」『医学哲学・医学倫理』第 30 号（日本医学哲学・倫理学会，2012 年），「『永遠なる現在』の発見～ハンス・ヨナスの『倫理学』に関する一考察」『共生学』第 5 号（上智大学共生学研究会，2011 年）．

桑田学（くわた　まなぶ）【第 7 章】
2013 年東京大学大学院総合文化研究科国際社会科学専攻博士課程修了（博士）．現在，福山市立大学都市経営学部准教授．著書に『経済的思考の転回：世紀転換期の統治と科学をめぐる知の系譜』（以文社，2014 年）．共著に，『現代の経済思想』（勁草書房，2014 年），『実践する政治哲学』（ナカニシヤ出版，2012 年）など．

未来の環境倫理学

2018 年 3 月 20 日　第 1 版第 1 刷発行

編著者　吉　永　明　弘
　　　　福　永　真　弓

発行者　井　村　寿　人

発行所　株式会社　勁　草　書　房
112-0005 東京都文京区水道 2-1-1　振替 00150-2-175253
（編集）電話 03-3815-5277／FAX 03-3814-6968
（営業）電話 03-3814-6861／FAX 03-3814-6854
三秀舎・中永製本

© YOSHINAGA Akihiro, FUKUNAGA Mayumi　2018

ISBN978-4-326-60305-3　Printed in Japan

〈(社)出版者著作権管理機構　委託出版物〉
本書の無断複写は著作権法上での例外を除き禁じられています。
複写される場合は、そのつど事前に、(社)出版者著作権管理機構
（電話 03-3513-6969、FAX 03-3513-6979、e-mail: info@jcopy.or.jp）
の許諾を得てください。

＊落丁本・乱丁本はお取り替えいたします。
http://www.keisoshobo.co.jp

R. ノーガード　竹内憲司 訳

裏切られた発展
進歩の終わりと未来への共進化ビジョン

A5判　3,500円
60162-2

高橋広次

環境倫理学入門
生命と環境のあいだ

A5判　2,000円
60237-7

西村清和

プラスチックの木でなにが悪いのか
環境美学入門

四六判　3,900円
65367-6

朝日新聞科学医療グループ 編

やさしい環境教室
環境問題を知ろう

四六判　2,000円
65365-2

及川敬貴

生物多様性というロジック
環境法の静かな革命

A5判　2,200円
60231-5

小池康郎

文系人のためのエネルギー入門
考エネルギー社会のススメ

A5判　2,400円
60235-3

嵯峨生馬

プロボノ
新しい社会貢献　新しい働き方

四六判　1,900円
65362-1

原田晃樹・藤井敦史・松井真理子

NPO再構築への道
パートナーシップを支える仕組み

A5判　2,800円
60228-5

吉永明弘

都市の環境倫理
持続可能性，都市における自然，アメニティ

A5判　2,200円
60260-5

吉永明弘

ブックガイド環境倫理
基本書から専門書まで

A5判　2,200円
60300-8

―――――――――――――――――――――― 勁草書房刊

＊表示価格は 2018 年 3 月現在，消費税は含まれておりません．